육아에
과학이 필요한
28가지 순간

과학으로 읽는 내 아이의 마음과 행동에 관한 모든 것

육아에 과학이 필요한 28가지 순간

엘로이즈 쥐니에 지음
이수진 옮김

로그인

· 1장 ·

식사 습관에 관하여

· 4장 ·

감정에 관하여

· 5장 ·

관계에 관하여

· 부록 ·

더 생각해볼 문제

우리는 종종 어떤 문제에 관해 '찬성'이나 '반대'로 의견을 표출합니다. 특히 사회적인 주제들이 그렇습니다. 이를테면 '상점의 일요일 영업에 찬성하나요, 반대하나요?', '풍력 발전에 찬성하나요, 반대하나요?'와 같은 문제들입니다. 이런 양자택일의 질문은 민주주의의 한 형태를 반영하고, 대통령 선거일에는 가장 확실한 방식으로 표출되지요. 하지만 어느 쪽에 손을 들어줄지 결정하기 위해서는 찬성과 반대 측의 입장을 모두 가늠해봐야 합니다. 결정에 따른 영향이 있기 때문입니다. 그리고 이를 통해 우리는 자신이 다수와 같은 생각을 하는지 다른 생각을 하는지 알 수 있습니다. 하지만 다수와 같다고 해서 그 생각이 반드시 옳은 걸까요? 그리고 그 결정을 반드시 따라야 하는 걸까요?

일상에서 우리는 내가 가진 생각이나 의견을 논리적으로 제시하려 합니다. 하지만 생각만큼 쉽지 않습니다. 때로는 본의 아니게 오류를 범하기도 합니다. 대표적인 것이 바로 '잘못된 유추'입니다. 가장 흔하게 찾아볼 수 있는 오류 중에 논리의 방향을 결정짓는 편향들이 존재하는데, 두 가지 대표적인 예를 들면 다음과 같습니다.

· 확증편향: 잘못된 생각을 가지고 있지만 그 생각이 너무도 흥미롭고 포기하기 어려울 때 발생하는 인지적 오류입니다. 그렇다 보니 기존의 생각을 확증해주는 정보만을 찾게 되죠. 반대로 내가 믿고 싶지 않은 정보나 내 생각과 반대되는 의견에 대해서는 의도적으로 외면하는 모습을 보입니다. 완전히 틀렸지만 매우 흔히 사용되는 명제를 예로 들어보겠습니다. '보름달은 출생에 영향을 준다'가 바로 그것입니다. 보름달이 뜬 저녁에 태어나는 아기의 수가 더 많다고 믿는 겁니다. 하지만 1923년 이래 해당 주제에 관해 실시된 수십 개의 연구 결과를 보면 달의 주기에 관계없이 출산율은 동일합니다. 그럼에도 많은 사람들이 보름달과 출생이 상관관계가 있다고 믿고 있습니다. 만약 당신의 친구가 보름달이 뜬 밤에 아이를 낳는다면 당신도 그것이 우연이 아니라고 생각할 테죠.

· 추측편향: 행운의 룰렛은 계속해서 돌아갈 것이기 때문에 다가올 미래가 지금보다 더 좋을 거라고 생각하는 인지적 오류입니다.

흔히 카지노를 찾은 도박자가 오랫동안 당첨이 되지 않았어도 잭팟의 때가 언젠가 반드시 오리라고 생각하는 것과 같습니다. 안타깝지만 온전히 운에 달려 있는 도박은 하나하나가 개별적인 행위입니다. 한 번의 도박 시도에는 다른 모든 시도들과 똑같은 확률의 운이 작용합니다.

이와 같은 모든 논리적 편향은 종종 사실을 잘못 해석하게 만듭니다. 질문 자체가 양자택일이다 보니 대답도 동전의 앞면이나 뒷면처럼 한정적이고, 좋은 대답이 나오지 않을 수도 있습니다. 자신의 결정을 설명해야 하고, 상황이 복잡한 경우에는 탄탄한 논거도 필요합니다. 샤워를 하는 것에는 찬성하지만 물병 사용은 반대하고, 사형제도에는 반대하지만 전기 자동차 구매는 찬성한다는 걸 어떻게 정당화할 수 있을까요?

우리는 보통 의사결정을 내리기 위해 텔레비전, 라디오, 신문, 독서, 그리고 사회관계망SNS 등을 통해 정보를 얻습니다. 앞에서도 밝혔듯이 이 과정에서 자신의 생각을 공고히 해주는 논거를 찾거나 같은 생각을 가진 사람에게 긍정하는 경향을 보이지요. 누군가와 친구가 되는 것도 그 사람이 나와 비슷한 생각을 하기 때문이며, 좀 더 철학적인 주제에 관해서는 그동안 받아온 교육에 기반하여 생각을 드러냅니다. 다시 말해 오랜 경험에 의한 판단을 내립니다.

이와 달리 찬성과 반대의 선택이 매우 빠르게 이루어지는 분야도 존재합니다. 바로 아이 교육입니다. 부모는 두 집단을 가르는 선 앞에서 어느 편에 서야 할지 빠른 결정을 내려야 합니다. '아이의 볼기를 때려야 할까요, 때려선 안 될까요?', '어렸을 때 영어를 가르쳐야 할까요, 나중에 가르쳐야 할까요?' 이런 질문에 대한 답에는 부모 개인의 생각이 많이 작용합니다. 어려서 엉덩이를 맞아봤지만 그걸로 크게 다치거나 큰일이 일어나지는 않았으니 찬성할 수 있습니다. 이것을 '예시를 통한 근거'라고 부르는데, 제대로 된 근거라고 할 수는 없습니다. 엉덩이를 때리는 행위가 아이의 뇌 발달에 미치는 영향을 과학적이고 통계적인 방식으로 측정해야 하기 때문입니다. 영어 교육은 빠르면 빠를수록 좋다고 주장하기 위해서는 영어가 세상을 지배한다는 사실만으로는 충분하지 않습니다. 제2언어를 습득하기에 가장 좋은 조건과 영어를 일찍 배움으로써 얻을 수 있는 효과가 확실하게 증명되어야 하죠.

아이 교육에 있어서는 다양한 의견이 존재할 수 있습니다. 이 중 어떤 것들은 많은 사람들이 오랫동안 믿어온 신념이고, 어떤 것들은 지식입니다. 일상에서는 이 둘을 구분하는 것이 크게 중요치 않습니다. 하지만 진지한 연구를 위해서는 문제들을 분류하기 위한 매뉴얼이 필요하고, 구체적이고 엄격한 방법이 적용됩니다. 바로 경험적 방법입니다.

이 책은 아이 발달에 관여하는 모든 사람들을 대상으로 합니다. 엄마 아빠는 물론이고, 부모가 없는 시간에 아이를 돌보는 보육교사, 그리고 아이 주변의 모든 사람들에게 도움이 되는 내용을 담고 있습니다. 저자 엘로이즈 쥐니에는 교육과 관련한 다양한 주제에 대해 솔직한 의견을 제시합니다. 각각의 의견이 가진 논점을 잘 알고 있으며, 과학적 지식에 근거하여 답을 제시합니다. 연구진들의 최근 연구 결과를 요약하고, 자신의 주장을 입증하면서 독자들에게 방향을 제시합니다. 이 책을 통해 부모님들을 비롯한 돌봄 전문가들이 해당 주제와 관련한 정확한 지식에 근거한 일관적이고 아이에게 꼭 필요한 결정을 내릴 수 있게 되기를 바랍니다.

조재트 세레
발달심리학 박사이자 프랑스 국립과학연구소 연구원

목표는 하나,
아이의 행복

이 책은 아이를 키우는 엄마들의 커뮤니티를 뜨겁게 달구는 주요 논쟁들을 과학적 지식을 기반으로 재조명하고 있습니다. "아이가 음식을 손으로 집어 먹게 해도 되나요?", "아이가 먹기 싫어하는 음식을 억지로라도 먹게 해야 하나요?", "전자 장난감을 마음껏 가지고 놀게 해도 되나요?"와 같은 논쟁들 말이지요.

이 책에는 총 28가지의 질문이 나옵니다. 정도는 다르지만 오래전부터 엄마들을 궁금하게 한 문제들입니다. 먼저 각 장마다 질문을 제기하고, 그것에 대한 엄마(어른)와 아이의 관점을 제시합니다. 각각의 의견이 설득력 있게 맞서는 모습을 보게 될 겁니다. 엄마(어른)의 입장에서도 생각해보고, 아이의 입장에서도 생각해보는 계기도될 테지요. '이렇게 해보아요'를 통해서는 새롭게 알게 된 정보를 일상에 구체적으로 적용할 수 있는 방법을 소개합니다. 중요한 것은, 아이가 무엇을 필요로 하는지, 아이가 원하는 것이 무엇인지를 최우선으로 생각하자는 것입니다. 모든 결론은 하나, 아이의 행복이니까요. 본문에 언급된 과학적 지식의 출처를 확인하고자 하는 독자들을 위해서는 참고문헌과 출처를 명시해두었으니 참조 바랍니다. 지나치게 전문적인 내용은 자칫 심각하게 읽힐 수도 있다는 우려가 들어 약간의 유머를 곁들였습니다. 당부하건대, 저는 이 책을 읽는 분들이 이런 마음을 가졌으면 좋겠습니다.

- 유머를 가진 사람, 그리고 다른 사람의 유머에 웃어줄 수 있는 사람
- 습관으로 자리 잡은 교육 방식에 대해 다시 생각해볼 용의가 있는 사람
- 아이를 위해 자신의 생각을 잠시 내려놓고 과학적 자료에 집중할 준비가 된 사람
- 과학에 알레르기나 거부 반응을 보이지 않는 사람
- 내가 조금 불편하거나 희생하더라도 아이의 욕구나 바람을 지켜주고 싶은 사람
- 충분한 휴식을 취하고 음식을 맛있게 즐긴 사람(이 책을 꼭꼭 씹어 먹으려면 많은 힘이 필요해요.)

논쟁할 필요조차 없다고 생각해온 육아 방식이 제가 제시하는 방법으로 인해 당신의 머릿속을 어지럽힐 수도 있습니다. 그로 인해 당황하거나 기분이 상할 수도 있고요. 지극히 정상적인 반응입니다. 생각의 차이는 당연하니까요. 다만 잊지 말아야 할 것은, 우리의 목표는 아이의 성장에 우선하는 교육 방식에 더 높은 가치를 부여하는 것이란 사실입니다. 이렇게 생각하면 서로를 이해하기가 훨씬 수월하지 않을까 싶습니다. 그리고 이러한 합의는 매일 조금씩 성장 중인 우리 아이들의 행복이라는 하나의 목표에 집중해야만 이룰 수 있습니다.

만만치 않은 일이 될 겁니다. 전적으로 동의합니다. 서로의 생각을 이해하려는 의지를 가지고 그럼 출발합니다.

엘로이즈 쥐니에

· 1장 ·
식사 습관에 관하여

1

아이가 먹기 싫어하는 음식을
억지로라도 먹여야 할까요?

찬성 > 당연하죠. 도전 의식을 불러일으킬 초록 빛깔 브로콜리 퓌레를 맛보게 하지 않고 어떻게 아이가 좋아하는지 좋아하지 않는지 확신할 수 있죠?

반대 > 좋아하지 않는 음식을 억지로 먹이는 건 도움이 되지 않아요. 음식의 냄새를 맡고 눈으로 보는 것만으로도 그것이 어떤 맛을 낼지 충분히 짐작할 수 있으니까요.

저자의 생각 > 저는 반대합니다. 맛을 보라고 할 수는 있지만 강요하거나 억지로 먹이는 건 권하지 않습니다. 아이가 먹는 과정을 즐기고 음식에 대한 긍정적인 생각을 갖기를 원한다면 아이의 의사를 존중해주세요.

상황

즐거운 점심시간. 엄마가 직접 만든 호박 요리를 식탁에 올리는 순간 발랭탕의 표정이 변합니다. 그러더니 곧바로 얼굴을 찌푸리며 말합니다. "우웩, 별로예요." 엄마는 그런 아이를 달래며 말합니다. "먹어 보지도 않고 별로인지 어떻게 알아? 딱 한 입만 먹어보자." 그러자 아이가 소리치며 말합니다. "싫어요, 싫다고요." 엄마도 물러서지 않습니다. "발랭탕, 꼭 먹어야 해. 아무것도 먹지 않을 순 없잖아, 그렇지?" 하지만 아이는 그럴 마음이 전혀 없습니다. "안 먹을래. 먹기 싫다고요."

 엄마의 생각

아이가 좋아할 거라 생각하면서 만들었는데 이렇게 거부하니 속상해요. 분명 배가 많이 고파 보였거든요. 아이가 일부러 음식을 거부하는 건가 싶기도 하고. 심지어 엄마인 저를 존중하지 않는 것 같아요. 더 속상한 건, 조금이라도 맛을 보았더라면 반응이 달랐을지도 모른다는 거예요. 그런데 아이는 입조차 대지 않네요. 아이 밥도 제대로 먹이지 못하는 엄마가 된 거 같아요.

 아이의 생각

저도 좋아하는 음식이 있고 싫어하는 음식이 있어요. 온통 초록색인 데다 접시 위로 뚝뚝 흘러내리는 저 음식을 보는 순간 입맛이 사라졌어요. 제가 먹기 싫다고 한 건 엄마의 기분을 상하게 하려던 게 아니에요. 보는 순간 입맛이 사라지는 걸 어떡해요. 그리고 엄마가 음식을 먹으라고 강요하면 할수록 제 속은 더 안 좋아지고, 먹고 싶은 마음도 사라져요.

왜 아이에게 음식을 억지로 먹이면 안 될까요?

음식을 강요하는 과정에서 그 음식에 대한 불쾌한 감정이 생길 수 있기 때문입니다. 아이가 음식을 기분 좋은 것으로 여길 수 있게 해야 합니다. 억지로 음식을 맛보거나 먹게 될 경우 아이는 그 음식을 먹을 때마다 구역감을 느낄 수 있습니다. 이 말은 장기적으로 그 음식과의 관계가 고통스러워질 수도 있다는 뜻입니다. 굳이 아이를 고통스럽게 할 이유는 없습니다.

아이는 새로운 음식에 대한 거부(네오포비아) 단계에 해당할 수 있습니다. 만 2세 무렵이 되면 아이가 음식을 맛보거나 먹기를 거부하는 '푸드 네오포비아' 시기가 올 수 있습니다. 음식을 주의 깊게 뜯어보거나 손으로 이리저리 만지기는 하지만 입에 넣지는 않는 시기입니다. 이때 어른의 태도가 침착하면 할수록 네오포비아를 빨리 넘길 수 있습니다.

기름지고 단맛이 나는 음식에 이끌리는 것은 자연스러운 현상입니다. 기름지고 단맛이 나는 음식에 대한 아이들의 자연스러운 욕구에 대해서는 많은 연구에서 강조된 바 있습니다.[1]

초록 채소에 거부감을 보이는 것 또한 자연스러운 반응입니다. 채소는 냄새도 문제지만 생김새도 먹음직스럽지 못하고 다른 음식에 비해 포만감도 덜합니다. 게다가 쓴맛이 나는 것이 대부분이죠.

인간은 아무거나 먹지 않습니다. 먹는다는 것은 생존의 문제니까요. 이런 본능은 어쩌면 우리 조상들이 독성을 가진 채소를 맛보다 사망했기 때문인지도 모릅니다. 그때부터 미지의 음식을 맛보는 것은 위험을 수반하는 일이자 생존 본능을 부추기는 일이 되었을 것입니다.

결론적으로 아이에게 원치 않는 음식을 먹으라고 강요할수록 나중에 '편식쟁이'가 될 위험이 큽니다. 2020년 미국의 의학 저널 《페디아트릭스》가 300개의 가정을 대상으로 조사를 실시했습니다.[2] 결과에 따르면 아이에게 음식을 억지로 먹이는 것은 오히려 역효과를 불러일으킬 수 있고, 아이를 '편식쟁이'로 만들 위험을 높인다고 합니다. 연구원들은 아이가 다양한 음식을 맛보고 즐길 수 있게 하려면 만 4세 이선 유아기 때 음식을 마음껏 가지고 놀게 하는 과정에서 아이가 좋아하는 음식의 범위를 넓혀가야 한다고 말합니다.

- 아이 앞에서 직접 음식을 맛보고 기쁨을 표현하세요(단, 과하지 않게). 당신이 건네는 음식이 해롭지 않다는 것을 아이가 느끼고 안심할 수 있게 해주세요.
- 진심으로 격려해주세요. "엄마는 애호박을 정말 좋아해. 너도 엄마처럼 애호박을 좋아하면 좋겠어.", "먹어보고 그래도 맛이 없다면 그땐 뱉어도 돼."
- 요리의 냄새를 맡게 해주세요. 그리고 아이가 동의한다면 혀 끝에 음식을 살짝 대어 맛을 느끼게 해주세요.
- 같은 형태의 음식을 섞지 마세요. 아이들은 한 가지 음식을 온전히 맛보는 것을 선호합니다.
- 연구에 의하면 동일한 음식을 8~11회 정도 권하는 것이 좋다고 합니다. 아이가 음식을 먹고 싶어 할 가능성을 높이기 위함입니다. 아이가 음식을 자주 접할수록 친숙해지고 거부감도 줄어듭니다.

- 강요하지 마세요. 아이들은 음식과 직접적인 관계를 맺습니다. 음식이 주는 포만감과 감각적 특성에 매우 민감하죠. 채소를 강요할수록 아이의 의심은 커진다는 사실을 기억하세요.

- 아이가 음식을 먹고 싶어 하게 만드세요. 배고픈 아이의 미각 세포를 자극하기 위해서는 먹고 싶은 환경을 만들어줘야 합니다. 테이블을 장식하고, 예쁜 접시를 준비하고, 음식을 예쁘게 플레이팅하세요. 퓌레를 화산 폭발에 비유해보는 것도 좋겠네요.
- 너무 걱정하지 마세요. 사춘기처럼 이 시기도 지나가니까요. 25~35%의 아이들이 섭취와 관련한 문제를 겪습니다.[3] 미국 메릴랜드대학교 의과대학의 소아과 교수이자 연구원인 모린 M. 블랙은 이렇게 말합니다. "대부분의 식이 문제는 일시적인 현상이며, 특별한 개입 없이도 어렵지 않게 해결됩니다."[4]

결론

중요한 것은, 아이가 음식과 긍정적인 관계를 맺을 수 있도록 만들어주는 것입니다. 이 관계는 아이의 식습관에 장기적인 영향을 미칩니다. 이 관계가 건강하려면 엄마가 아이의 마음과 취향에 귀를 기울여야 합니다. 당신이 다른 어른을 대할 때와 마찬가지로 말입니다.

아이가 원한다면
후식부터 먹게 해도 되나요?

찬성 > 물론이죠. 음식 간에 우열이 생기지 않도록 아이가 자율적으로 선택할 수 있게 해주세요. 주식이든 후식이든 다 먹으면 되니까요.

반대 > 안 돼요. 후식부터 먹는다면 메인 음식에 대한 관심이 떨어지고, 결과적으로 식사량이 줄어들어요. 주식부터 먹는 것이 우선입니다.

저자의 의견 > 찬성도, 반대도 아닙니다. 두 가지 경우 모두 장단점이 있기 때문이지요. 중요한 것은 장단점을 모두 고려한 뒤에 선택하는 것이고, 그것이 이번 주제의 목적입니다.

상황

오늘도 식탁이 풍성합니다. 밥은 물론 채소 요리에 빵, 치즈, 그리고 딸기까지. 티메오의 손이 딸기로 먼저 향합니다. 엄마가 티메오를 저지하며 말합니다. "아니 아니, 딸기 먹기 전에 밥을 먼저 먹어야지? 저번처럼 빵이랑 디저트만 먹고 다 남길 것 같은데." 엄마의 말에 티메오의 표정이 어둡게 변합니다.

 엄마의 생각

저는 아이가 후식부터 먹는 걸 허락하고 싶지 않아요. 후식부터 먹으면 대부분의 경우 밥을 남기기 때문이지요. 게다가 식사는 교육의 문제이기도 하고요. 후식은 말 그대로 식사 후에 먹는 거라고 생각해요.

 아이의 생각

그건 제 마음대로 되는 게 아니에요. 배가 고플 땐 빵이나 과일에 저절로 손이 가거든요. 만약 제가 밥을 먼저 먹길 바란다면 후식은 나중에 주면 되잖아요. 한꺼번에 주고는 맛있는 걸 마지막에 먹으라고 하니 참기 힘들어요. 제 작은 뇌는 달콤한 걸 자제할 수 있을 만큼 성숙하지 않다고요.

🔓 후식부터 먹을 때의 장점과 단점은 무엇일까요?

자율성을 길러줄 수 있습니다. 메인 음식부터 후식까지 한 번에 주면 아이 입장에서는 먹고 싶은 음식을 자유롭게 선택할 수 있습니다. 그러면 원하는 음식을 자신의 속도에 맞춰 좋아하는 순서대로 먹을 수 있죠. 달콤한 후식부터 먹은 뒤 밥을 먹는 아이도 있을 것이고, 밥을 먼저 먹은 뒤 후식을 즐기는 아이도 있을 것입니다.

특정 문화적 규범을 강요하지 않을 수 있습니다. 후식을 식후에 먹는 것은 서양의 식습관입니다. 대부분의 국가는 후식의 명확한 개념을 가지고 있지 않으며, 단맛과 짠맛이 어우러진 자유로운 식사를 합니다. 후식을 식후에 먹도록 권하는 것은 서양식 관점입니다. 아이가 서양 문화권에서 자란다면 그 아이는 후식을 식후에 먹는 습관을 갖게 될 겁니다. 그렇다면 다른 문화권에서 자란 아이는요? 그 아이에게도 똑같이 강요해야 할까요?

후식을 우월적 지위에서 내려놓을 수 있습니다. 후식부터 먹게 한다면 음식 간의 우열을 매기지 않을 수 있습니다. 다시 말해 달콤한 음식에 '스타 푸드'의 지위가 부여되지 않도록 할 수 있습니다. 이를테면 가엾고 무기력한 애호박 옆에 번지르르한 선글라스를 낀 바나나가 있는 것처럼요. 또한 음식 먹는 순서를 정하지 않으면 의외의 효과를 볼 수도 있습니다. 후식을 먹고 싶은 마음에 밥 먹는 속도를 높일 수 있기 때문이지요.

하지만 후식부터 먹을 경우 식사 초반에 혈당이 급상승할 수 있습니다. 밥보다 후식을 먼저 먹을 경우 식사 초반에 혈당이 급상승하는 것은 단점입니다. 공복에 단당류가 들어가면 혈당이 빠르게 증가하여 혈당 과다 반응을 일으킬 수 있기 때문이지요. 그러면 계속해서 단 음식이 먹고 싶어지고, 짠 음식이나 복합 당류에 속하는 쌀에 대한 식욕은 감퇴합니다. 여기서 잠깐, 후식은 달콤해야 한다는 편견은 버리세요. 무설탕 요거트나 치즈도 추천할 만한 후식이니까요.

달콤한 음식부터 먹으면 식욕이 줄어듭니다

2014년, 런던 임페리얼칼리지에서 실시한 연구에 따르면[5] 식사 초반에 단맛이 나는 음식을 먼저 섭취할 경우 포만감에 따른 식욕 감퇴로 섭취하는 음식물의 총량이 줄어든다고 합니다.

이 결과를 도출하기 위해 연구진은 실험용 쥐에게 일정량의 포도당을 주입한 뒤 보통의 사료와 설탕이 들어간 비스킷을 함께 제공했습니다. 그 결과 평소라면 사료를 먼저 먹었을 쥐들이 비스킷을 먼저 먹었고, 사료는 평소보다 적은 양을 먹는 데 그쳤습니다. 무슨 이유일까요? 우리 뇌에 일정량의 당분이 몸속에 들어왔다는 사실을 알리는 글루코키나아제 분비를 단당류가 촉진하기 때문입니다. 바로 이 글루코키나아제가 포만감을 주고, 다른 음식을 상대적으로 적게 먹도록 만듭니다.

디저트는 최근에 생겨난 문화입니다

사실 디저트는 18세기에 생겨난, 비교적 최근의 문화입니다. 이전까지는 모든 요리를 식탁에 한꺼번에 올리는 '프랑스식'으로 차려 먹었습니다. 1912년이 돼서야 여러 요리가 차례대로 올라오며 단맛으로 식사가 마무리되는 '러시아식' 서빙 방식이 대중화되었고, 이후 문화로 자리 잡은 것이지요. 사실 대부분의 국가들은 별다른 의문 없이 단맛, 짠맛, 매운맛이 나는 요리를 섞어 서빙하고 있습니다.

⚗️⚗️⚗️ 결론

이 문제는 어느 한쪽의 손을 들어주기가 어렵습니다. 결정은 엄마의 몫입니다. 아이가 자신이 원하는 순서대로 음식을 먹기를 원한다면 칸이 나누어진 식판을 사용해 모든 음식을 한꺼번에 담아주세요. 반대로 아이가 밥을 먹은 뒤 후식을 먹는다고 해도 따라주시고요. 가능하면 흡수율이 느린 복합 당류가 많이 함유된 음식을 먼저 주고, 일정 시간이 지난 뒤에 단당류를 섭취하게 하는 것이 좋습니다.

3

아이가 음식을 손으로 집어서
먹게 해도 되나요?

찬성 > 장점이 너무 많기 때문에 못하게 할 이유가 없다고 생각해요.

반대 > 정말이지 이상한 생각이네요. 세 살 버릇 여든까지 간다고 했어요. 손으로 음식을 먹는 습관이 그대로 자리 잡으면 어쩌려고요? 친구들에게 놀림 당하지 않으려면 늦기 전에 수저 사용법을 가르쳐야 해요.

저자의 생각 > 찬성입니다. 손가락으로 음식을 먹는 것은 많은 이점이 있습니다. 우리의 가장 큰 목표는 아이들이 건강하고 행복하게 자라게 하는 것입니다.

상황

아이 앞에 파스타 한 접시가 놓입니다. 향기로운 파스타 냄새에 아이는 입맛을 다시더니 곧바로 손을 뻗어 한 손 가득 면을 쥐어 입으로 가져갑니다. 이 모습을 본 엄마는 기겁합니다. "포크는 장식이 아니야. 포크로 먹어야지. 손으로 먹으면 어쩌니."

엄마의 생각

아이가 손으로 음식을 가지고 노는 건 괜찮아요. 하지만 손으로 음식을 먹는 건 참을 수 없어요. 손으로 음식을 먹는 건 사회에서 용인되지 않는 행동이니까요. 위생에도 좋지 않고, 타인을 존중하지 않는 행동이기도 해요. 손이 더러워지는 건 말할 것도 없고, 떨어진 음식으로 인해 바닥이 엉망이 되잖아요. 수저와 포크 사용법을 제대로 배우지 않으면 나중에는 어떻게 되겠어요?

아이의 생각

맛있는 음식을 보면 제 마음대로 잘 안 돼요. 음식을 만지고 싶고, 가지고 놀고 싶고, 먹고 싶어요. 그런데 엄마랑 어린이집 선생님은 그러면 안 된다고 해요. 엄마는 제가 딱딱하고 차갑고 느낌도 별로 좋지 않은 포크나 젓가락을 사용하길 원해요. 그렇지만 너무 걱정 마세요. 그걸 다루는 방법을 배울 시간은 충분하니까요.

🔓 아이가 손으로 음식을 먹도록 허락하는 것의 장점과 단점은 무엇일까요?

아이들은 촉각을 사용해 음식을 탐구합니다. 아이들은 손가락으로 음식을 만지면서 그 음식의 맛과 향, 느낌 등 자신만의 경험을 쌓습니다. 게다가 아이들은 생각보다 섬세합니다. 이를테면 '마카로니는 구운 애호박보다 더 단단하고, 브로콜리보다는 매끈매끈하네'라고 느끼는 것이지요. 또 음식을 만지는 과정에서 미각과 청각은 물론 촉각도 자극됩니다. 모든 음식을 수저나 포크를 사용해서 먹게 하는 것은 이런 다양한 자극을 빼앗는 것입니다.

음식의 맛이 더 좋아집니다. 2020년에 발표된 한 연구에 따르면[6] 손가락으로 음식을 집어 입에 넣으면 음식이 더 맛있게 느껴지고 식욕도 더 자극된다고 합니다. 노릇노릇하게 튀겨낸 감자튀김을 손으로 집어 먹는 모습을 상상해보세요. 포크로 먹을 때보다 더 맛있게 느껴지지 않나요?

이처럼 음식의 맛은 상황의 영향을 크게 받습니다. 고정된 것이 아니란 말입니다. 식당에서 사이드 메뉴가 곁들여진 햄버거를 먹을 때와 집에서 햄버거 하나만 먹을 때 맛이 같은가요? 아마 가게에서 먹는 사이드 메뉴 가득한 햄버거가 훨씬 맛있을 겁니다. 이처럼 음식 맛은 상황의 영향을 많이 받으며, 수저나 포크를 사용했을 때 맛이 덜한 경우도 많다는 것을 기억하세요.

음식과 건강한 관계를 맺을 수 있습니다. 손가락으로 음식을 가지고 노는 아이들은 음식과 더욱 친밀하고 감각적이고 본능적이고 긍정적인 관계를 맺습니다. 음식을 포함한 주변 환경을 발견하고 인식하는 것은 다양한 감각 기관을 통해 이루어지기 때문입니다.

면역력을 높여줍니다. 손은 우리 몸에 서식하는 세균들과 싸우는 '유익'한 균들로 덮여 있습니다. 그렇다고 해서 식사 전에 손을 씻지 않아도 된다는 말은 아닙니다. 해로운 균은 없애야 하니까요.

소화력도 높아집니다. 손가락을 사용해 음식을 먹으면 많은 정보가 뇌에 전달됩니다. 음식이 얼마나 차갑고 뜨거운지, 얼마나 단단하고 부드러운지 알려주는 촉각 정보에 따라 우리 뇌는 어떤 효소를 분비할지 결정하고, 주어진 음식물의 종류에 알맞은 대사를 가능하게 합니다. 다시 말해, 손가락으로 음식을 먹으면 소화 기관이 준비된 상태로 음식물을 받아들일 수 있으며, 그 덕에 소화도 촉진됩니다.

문화의 문제입니다. 아시아와 아프리카 일부 국가에서는 손가락으로 음식을 먹는 것이 하나의 전통입니다. 젓가락을 사용하는 것은 포크나 숟가락을 사용하는 것보다 훨씬 까다롭기 때문이지요. 아이에게 억지로 식기를 사용하게 하는 것은 그 나라의 고유한 문화가 아닌 다른 문화를 강요하는 것과 같습니다. 결론적으로 손으로 음식을 먹는 것은 무조건 반대해야 할 일이 아닙니다.

손으로 음식을 집어 먹는 것과 소아 비만의 관계

아이의 감정과 욕구, 발달을 존중하는 의미로 캐나다 보건국은 유아가 손가락으로 음식을 먹는 것을 권장하고 있습니다.[7] 이들 은 이러한 행위가 건강한 식이습관을 형성하는 데 장기적으로 도움이 된다고 생각합니다.

또한 2012년, 영국 노팅엄대학교 심리학과에서 시행한 한 연구 에 따르면 손가락으로 음식을 먹는 아이들은 음식을 받아들이는 민감도가 더 높다고 합니다. 음식과 감각적인 관계를 맺음으로 써 더 건강한 식습관을 갖게 됨은 물론 과체중 위험도 낮아진다 고 합니다. 또한 이 연구는 숟가락으로 음식을 섭취한 아이들이 당을 함유한 음식에 더욱 이끌리는 경향을 보였다는 사실을 밝 혀내기도 했습니다.

손으로 집어먹는 것이 영양실조에 대한 해결책이다?

한 학술지에 발표된 연구에 따르면[8] 노인 요양 시설에 '손으로 먹 는' 방식을 도입한 결과 식사 시간 대비 입소 노인의 음식 섭취량 및 섭취 칼로리가 늘어났다고 합니다. 손가락으로 음식을 먹는 행 위가 (자율성을 상실한) 고령 인구의 정서와 음식 섭취에 도움이 된 다면 노인과 정반대편에 있는 유아에게도 분명 이롭지 않을까요?

포크의 발견

영어 단어 'fork'는 '쇠스랑'을 의미하는 라틴어 'furca'에서 왔습니다. 서양에서 유래한 식사용 도구로 알려져 있지만 인류 역사에서 포크가 처음 등장한 것은 고대 로마 시대입니다. 맞아요, 근육질 남성들이 천 쪼가리를 아랫도리에 걸친 채 돌아다니던 그 시대입니다.

본래 포크의 용도는 물이 펄펄 끓는 냄비 속에 있는 고깃덩어리를 건져내는 것이었습니다. 식기가 아닌 조리도구였던 거죠. 하지만 포크는 오랫동안 대중화되지 못했지요. 그러던 포크가 크게 쓰이게 된 것은 1500년대 프랑스의 왕비 카트린 드 메디치에 의해서였습니다. 앙리 2세에게 시집가면서 자신의 요리사들과 식기를 가져간 것이 계기가 되었지요. 이때도 역시나 바로 대중화되지는 못했습니다. 이후 포크는 부르주아 층에서 점점 사용이 확산되었고, 마침내 모두가 쓰는 식사 도구로 대중화되었습니다. 그리고 500년이 흐른 지금, 우리는 아이들이 손가락으로 음식을 먹게 해도 되는지 마는지를 두고 서로의 주장을 펼치고 있습니다. 재미있지요?

🧪🧪🧪 결론

이번에도 역시 개인의 교육적 신념은 잠시 밀어놓고 아이에게 오롯이 집중해볼까요? 수프나 국처럼 손가락으로 먹을 수 없는 요리가 아니라면 아이가 하고 싶은 대로 하도록 내버려두세요.

생각해보면 아이가 음식을 마음대로 가지고 놀 수 있는 시간이 거의 없습니다. 어려서는 엄마나 아빠가 숟가락으로 떠먹여주고, 조금 더 커서는 스스로 포크나 수저를 사용해 음식을 먹으니까요. 그럼 아이들은 언제 마음껏 손가락으로 음식을 만져보지요? 음식과 자연스럽게 만나고 온전히 감각을 이용해 접할 수 있는 순간이 언제 또 올까요? 저는 아이들에게 그 온전한 기회를 주고 싶습니다.

음식을 남기지 않고
반드시 다 먹게 해야 하나요?

찬성 > 그릇을 다 비우지 않는다면 루이비통 모델들에게서나 볼 법한 몸매를 갖게 될 거예요. 부모 입장에서는 그리 기쁜 일이 아니지요.

반대 > 아이에게 음식을 억지로 먹이면 음식과의 관계가 망가지고 포만감의 신호를 받아들이는 데 혼란을 줄 수 있습니다.

저자의 생각 > 반대입니다. 아이의 의사를 존중해야 합니다. 특히나 음식과 관련된 것일 때는 더더욱 그렇습니다. 한 사람이 음식과 맺는 관계는 인생 전반에 걸쳐 변화합니다. 아이가 음식과 건강하고 긍정적인 관계를 맺길 원한다면 음식이 아이에게 협박이나 강요, 협상의 대상이 되지 않도록 해주세요.

상황

마리오가 브로콜리 요리를 먹고 있습니다. 세 조각이 남은 상태에서 마리오가 슬그머니 수저를 놓습니다. 엄마가 묻습니다. "왜 다 먹지 않는 거야? 세 개 남았잖아. 좀 더 먹어보자." 마리오가 뾰로통한 표정으로 대답합니다. "싫어요." 엄마는 살살 달랩니다. "어서! 그래야 디저트를 먹을 수 있어." 그 말에 마리오는 체념한 듯 남은 브로콜리를 집어 입에 넣습니다. "잘했어." 엄마의 칭찬이 이어집니다.

엄마의 생각

아이가 그릇을 깨끗이 비웠으면 좋겠어요. 그래야 엄마로서 제 역할을 다한 거 같아요. 아이도 배가 불러야 하루를 잘 보낼 거고요. 무엇보다 남은 음식을 버리는 건 낭비하는 거잖아요.

아이의 생각

제 식욕은 매일 조금씩 달라요. 어떤 날은 코끼리처럼 배가 고프고, 어떤 날은 개미 눈곱만큼만 먹고 싶어요. 제가 음식을 남기는 건 일부러 그러는 게 아니에요. 엄마를 화나게 하려는 것도 아니고요. 그냥 제 몸이 '이제 그만'이라고 외치기 때문이라고요.

🔓 음식을 억지로 다 먹게 하면 안 되는 이유는 무엇일까요?

아이의 배고픔 신호를 차단하고 조절력을 방해할 수 있습니다. 모든 아이는 자신의 식욕이 어느 정도인지 알고 있으며, 섭취량을 조절할 수 있습니다. 식욕을 자극하는 호르몬인 그렐린은 식사 초반에 증가하다가 위장이 채워지면서 서서히 감소합니다. 반대로 식욕을 억제하는 렙틴 호르몬은 식사가 끝날 무렵이 되면 이제 그만 섭취를 멈추라는 신호를 뇌에 보냅니다. 필요로 하는 것보다 많은 음식을 섭취하게 하는 것은 아이의 생리적 신호를 차단하는 것이며, 이는 장기적으로 식욕 조절을 방해합니다.

아이에 따라 다른 결과가 나타납니다. 음식을 남기지 않고 끝까지 먹게 했을 때 나타나는 결과는 아이마다 다릅니다. 과식하는 것이 습관이 되어 과체중이 되는 아이도 있고, 반대로 음식에 대한 반감이 커져 먹는 것에 대한 즐거움을 잃는 아이도 있습니다.

음식을 억지로 먹이는 것은 그 음식의 가치를 떨어뜨리는 일입니다. 항상 그런 것은 아니지만 아이들이 남기는 음식은 대부분 그날 메뉴 중 가장 덜 좋아하거나 싫어하는 음식입니다. 억지로 먹일 경우 아이는 그 음식을 부정적으로 인식할 가능성이 큽니다.

과체중이 될 위험이 높아집니다. 캐나다 퀘벡에 있는 라발대학교 영양학과의 베로니크 프로방쉐 교수가 진행한 설문조사 결과는 흥미로운 사실을 보여줍니다. 그는 과체중 여성들을 대상으로 허기와 포만감 신호에 귀를 기울이지 않는 이유를 물었습니다. 많은 응답자들이 유년기에 그날그날의 식욕과 관계없이 항상 같은 양의 음식을 받았고, 그것을 모두 먹어야만 했다고 답했습니다. 그렇게 점점 자신의 몸이 보내는 신호보다는 주변 어른의 신호, 즉 외부 신호에 더 귀를 기울였고 결과는 과체중으로 나타났습니다.

아이의 위는 당신의 위보다 작습니다. 지금 당신 앞에 있는 아이는 한 끼 식사로 감자튀김 한 바구니를 거뜬히 먹어치우는 청소년이 아닙니다. 많은 어른들이 아이의 입장을 이해하지 못한 채 지나치게 많은 음식을 주는 경향이 있는데, 상대는 작은 위를 가진 작은 아이라는 걸 유념하세요.

어떻게 하면 될까요?

- 음식을 주기 전 아이의 배고픔 정도를 물어보세요. 예를 들어 코끼리만큼 배가 고픈지, 강아지나 생쥐만큼 배가 고픈지를 아이 스스로 표현해보게 하는 겁니다. 그러고는 대답에 맞춰 음식을 주면 됩니다.
- 자신이 먹을 음식을 아이 스스로 담게 하는 것도 방법입니다. 식욕 정도에 맞게 말이죠. 그리고 식사가 끝난 뒤에는 아이가 포만감을 느끼는지 확인해야 합니다.

- 그릇을 깨끗이 비우지 않아도 된다고 말해주세요. 음식에 대한 강요는 없어야 합니다. 중요한 것은 음식을 남기지 않는 것이 아니라 기분 좋게 배가 부른 상태로 식탁에서 일어서는 것입니다.
- 과한 것보다는 살짝 모자란 것이 좋습니다. 이렇게 하면 음식이 낭비되는 것도 막을 수 있고, 아이가 어떤 음식을 좋아하는지 더 확실하게 알게 됩니다.

🧪🧪🧪 결론

당신의 역할은 아이가 느끼는 허기와 포만감의 신호를 주의 깊게 살펴 아이가 그것을 인식하고 따르게 하는 것입니다. 다시 말해 아이가 음식과 건강한 관계를 맺을 수 있도록 도와야 합니다. 어째 결론이 계속 같네요. 아이가 음식과의 관계를 다지는 중요한 시기이기 때문입니다.

음식을 먹지 않고
가지고 놀게 해도 되나요?

찬성 > 음식을 가지고 노는 과정에서 아이는 다양한 감각 활동을 경험하고 음식과의 화해를 도모하죠.

반대 > 좋지 않은 방법이에요. 배고픔으로 죽어가는 지구 반대편의 아이들을 생각해보세요. 음식은 장난감이 아니랍니다.

저자의 생각 > 어느 정도는 찬성입니다. 여기서 오해하지 말아야 할 것은, 아이가 컵 속에 음식을 모조리 쏟아 넣어 아무도 먹지 못하게 만들어도 내버려두라는 얘기가 아닙니다. 한창 발달 중인 소뇌와 손가락으로 음식을 마음껏 경험할 수 있는 기회를 주라는 뜻입니다.

상황

오늘의 간식은 빵 한 조각, 바나나, 요구르트, 물 한 컵입니다. 마티가 바나나를 휙 낚아채더니 입으로 가져갔다가 재빨리 컵 속에 넣습니다. 표정은 이미 즐겁고 눈은 반짝입니다. 엄마의 눈을 피해 이번에는 빵 조각을 듭니다. 컵 속의 물은 이미 뿌옇게 변했습니다. 손을 요구르트 병에 끼운 마티가 병을 위아래로 흔듭니다. 이제야 이 모습을 본 엄마가 절규합니다. "아악, 마티!"

 엄마의 생각

저는 아이가 음식을 가지고 장난하는 게 싫어요. 세상 모든 음식은 귀하거든요. 제 부모님은 음식을 소중히 여기도록 저를 가르치셨어요. 세상에는 먹을 것이 없어 죽어가는 아이들이 너무나 많다고요. 단순히 놀이를 위해 음식을 낭비해서는 안 돼요. 우리는 어른으로서 아이들에게 존중하는 마음으로 음식을 대하라고 가르쳐야 해요.

 아이의 생각

엄마 마음을 모르겠어요. 제 눈에 빵이나 바나나 조각은 재밌는 장난감이거든요. 인형이나 종이처럼 만져보고 싶고 주물러보고 싶어요. 제가 음식을 먹지 않고 가지고 놀려고 하는 건 엄마를 화나게 하려는 것이 아니라 정말 만져보고 싶고 궁금하기 때문이거든요.

🔓 아이가 음식을 가지고 놀게 해도 되는 이유는 무엇인가요?

아이는 지금 음식을 가지고 노는 게 아니라 경험을 쌓는 중입니다. 요구르트 병에 손을 넣고, 빵을 조각조각 찢고, 바나나를 식탁 위에 뭉개는 행동이 어른 눈에는 음식을 가지고 장난하는 것처럼 보이겠지만 아이에게는 다릅니다. 그것은 환경, 나아가 세상을 경험하는 일입니다. 아이는 다양한 물질('바나나는 사과보다 쉽게 뭉개지네.')과 물리적 법칙('바나나는 빵 조각보다 무겁고, 떨어뜨렸을 때 빵보다 더 빨리 떨어지네.')을 발견하고, 운동 능력('빵 조각을 손으로 잡는 건 어려운 일이야.')을 다듬어 갑니다. 이러한 활동은 물리적 세계와 그것에 관여하는 기본적인 법칙에 대한 지식을 쌓게 해주고 지능을 발달시켜 주지요. 우리 어른들도 이 단계를 거쳐 왔다는 사실을 잊지 마세요. 그리고 아이는 지금 진지합니다.

음식과 친해질수록 새로운 맛을 좋아할 기회도 커집니다. 손가락으로 음식물을 가지고 노는 것은 유희적이고 오락적인 행위로, 이를 통해 아이들은 음식과 긍정적인 관계를 맺고, 푸드 네오포비아의 위험도 줄일 수 있습니다.

음식의 이름을 더 많이 알 수 있고, 음식을 먹고자 하는 의지도 커집니다. 2013년에 발표된 미국의 한 연구에 따르면[9] 음식과 '활발한 상호작용'을 한 아이일수록 음식의 이름을 더 정확하게, 그리고 많이 기억한다고 합니다. 또한 연구원들은 어떤 대상을 더 잘 파악하기 위해서는 가능하면 모든 감각을 동원해야 한다고 말했습니다. 눈으로 보는 것만으로는 부족합니다. 반드시 열 손가락으로 헤집어야 하죠. 호기심을 어떻게 막을 수 있겠어요? 막을 수도 없겠지만 막아서도 안 되는 일입니다.

아이들은 성장 과정에서 음식에 특별한 '지위'가 있다는 사실을 깨닫습니다. 아이는 자라면서 자신을 둘러싼 요소들을 범주화하고, 어른들이 그러하듯 음식에 가치를 부여합니다. 마흔다섯 살의 성인이 음식을 낭비한다면 그것은 그가 어렸을 때 음식을 가지고 놀았던 경험이 있기 때문이 아닙니다. 미풍양속의 변화가 빠른 지금, 우리 아이들은 우리보다 더욱 환경을 존중할 겁니다. 아이들을 믿어보자고요.

음식을 만지는 것은 아이 입장에서 음식을 탐색하는 최고의 방법

델라웨어대학교의 로베르타 미치닉 골린코프 교수가 《뉴욕타임스》와 진행한 인터뷰에 따르면[10] "아이들은 입안에 음식을 넣고, 소리를 내면서 세계를 맛봅니다." 다시 말해 음식을 통해 전달되는 지식이 언어를 통해 전달되는 지식보다 훨씬 많습니다. 교수는 이렇게 결론 내립니다. "아이들이 스스로 이해하는 최고의 방법은 엉망진창으로 만드는 것입니다."

음식물을 가지고 놀면 푸드 네오포비아의 위험이 낮아진다?

2015년 《영양과 식이요법학회 저널》에 발표된 한 연구에 따르면[11] 그릇에 담긴 음식물을 가지고 노는 행위는 유아가 새로운 맛을 덜 두려워하게 만들고, 푸드 네오포비아의 위험을 감소시키는 데 도움이 된다고 합니다.

이러한 결론에 도달하기 위해 연구원들은 만 2~5세 아이들을 대상으로 손가락에 달라붙는 식재료, 이를테면 감자 퓌레나 식물성 젤라틴을 사용한 젤리 속에서 작은 장난감을 찾아내게 하는 실험을 했습니다. 그런 다음 퓌레와 젤리를 가지고 놀 때 아이들이 느끼는 즐거움의 수치를 1에서 5로 점수를 매겨 평가하게 했습니다. 동시에 아이들의 푸드 네오포비아 정도와 식이 습관을 따져보기 위해 아이의 부모들에게는 일련의 설문지를 작성하게 했습니다.

결과는 어떻게 나왔을까요? 새로운 맛에 대한 두려움이 없는 아이들은 퓌레 속에 손을 넣고 음식을 가지고 노는 데 큰 즐거움을 느끼는 것으로 나타났습니다. 이 연구는 음식물을 가지고 노는 것이 새로운 맛을 더욱 쉽게 수용하게 만든다는 사실을 보여줍니다.

아이들은 왜 컵 속에 음식을 넣으려고 할까?

유아인지발달 전문가 조제트 세르에 따르면[12] 아이들에게 물은 아주 즐거운 놀이 재료입니다. 투명하고, 쉽게 흐르고, 빠르게 퍼지는 데다 다른 것을 젖게 만드는 성질을 가지고 있지요. 거기다 손가락 사이로 미끄러지듯 빠져나가지요.

물이 들어 있는 컵에 빵을 빠트릴 때 아이는 빵이 컵 속으로 떨어지고, 물에 빠트려도 원래의 모습을 유지하는 막대 초콜릿과는 달리 물을 머금고, 수면 위로 천천히 떠오르는 모습을 목격합니다. 물의 특성과 아르키메데스의 원리를 알 수 있는 귀중한 실험인 셈이죠. 또한 아이는 물속에 빠진 빵의 모습이 변하고 물의 색이 변하는 것도 목격합니다. 흥미로울 수밖에 없는 모습입니다.

이렇게 해보아요

- 아이에게 앞치마를 입혀주세요. 식탁에 앉은 아이 옷에 얼룩이 지고 주황색으로 물드는 모습을 보고 싶지 않다면 말이죠.
- 식사 시간 외에 마음껏 음식을 가지고 놀 수 있는 공간을 마련해 주세요. 다른 목적 없이 오로지 놀이를 즐길 수 있도록요.
- 그래도 여전히 마음 한구석이 불편하다면 영상이나 책을 통해 아이에게 음식의 가치를 일러주세요.

🧪🧪🧪 결론

많은 어른들이 아이가 음식을 '가지고 노는' 모습을 보기 힘들어 합니다("세상에 굶어죽는 사람이 얼마나 많은데.", "저러다 옷에 다 묻겠어."). 하지만 이제 어느 정도 이해하게 되었을 거라 생각합니다. 음식을 손으로 집는 것은 단순한 놀이가 아닌 아이가 환경을 이해하는 진지한 과정이라는 사실을 말이지요.

· 2장 ·

수면 습관에 관하여

6

곤히 낮잠 자는 아이를
깨워도 되나요?

찬성 > 당연하죠. 아이가 늦게까지 잠들지 않으면 오늘 밤 엄마를 위한 시간은 없을 테니까요.

반대 > 말도 안 돼요. 곤히 자는 아이를 깨우다니요? 충분히 자야 제대로 성장한다고요.

저자의 생각 > 찬성도, 반대도 아닙니다. 이건 상황에 따라 고려해야 할 문제예요. 물론 밤 수면을 위해 낮잠 시간을 줄이거나 조절할 수는 있습니다. 물론 이 말에 반문하는 분들도 있겠죠. "네? 자는 아이를 깨우라고요?" 진정하세요. 지금부터 이유를 자세히 설명할 테니까요.

올해 네 살인 요한은 낮잠이 많은 아이입니다. 오후 4시인 지금도 꾸벅꾸벅 졸고 있지요. 마치 나뭇가지 위에 길게 누워 잠든 코알라처럼 당장이라도 깊은 잠에 들 준비가 된 듯합니다. 요한의 엄마는 이런 아들 때문에 걱정입니다. "요한, 계속 이래서는 곤란해. 낮잠은 길게 자는 게 아니야." 잠에 취한 아들을 보며 엄마는 오늘도 한숨을 내쉽니다.

 엄마의 생각

정해진 낮잠 시간이 지나면 일어나야 한다고 생각해요. 아이 아빠는 아이가 원하는 대로 내버려두라고 하는데 저는 용납할 수 없어요. 내버려두었다간 아이의 생활습관이 무너질 거예요. 낮에는 놀고, 밤에는 제시간에 잠자리에 들면 좋겠어요.

 아이의 생각

잠이 오는데 왜 못 자게 하는지 모르겠어요. 저는 졸릴 때 자고 싶어요. 충분히 자고 일어나야 몸에 힘이 솟는다고요. 이런 저를 두고 엄마 아빠가 종종 말싸움을 하는데 무엇이 제게 좋은 선택일지 생각해보는 게 더 좋을 것 같아요.

🔓 긴 낮잠의 장점과 단점은 무엇일까요?

낮잠은 여러 면에서 장점이 많습니다. 스트레스를 줄여주고 기분을 좋게 해줄 뿐만 아니라 이해력과 기억력을 높이고 집중력도 키워주지요. 2015년, 영국과 독일의 연구진들이 6~12개월 아기들을 대상으로 실시한 연구가[13] 이를 증명합니다. 특히 낮잠을 자기 시작한 지 30분이 지나면서 이런 이점들이 관찰되었다고 합니다.

2013년에 실시된 또 다른 연구 결과도[14] 같은 이야기를 합니다. 만 3~5세 아동 40명을 분석한 결과 연구진들은 낮잠을 잔 아이가 낮잠을 자지 않은 아이보다 10% 더 많은 정보를 기억한다는 사실을 발견했습니다.

아이마다 낮잠에 대한 욕구는 다릅니다. 브장송 자연과학대학의 정신생리학 연구소장인 위베르 몽타녜의 연구에 따르면[15] 만 3~4세 아동들의 낮잠 시간은 짧게는 4~5분에서 길게는 130분으로 매우 다양하다고 합니다. 편차가 매우 크지요. 그런 만큼 몽타녜는 아이가 자연스럽게 낮잠에서 깰 수 있도록 내버려둘 것을 조언합니다. 그러면서 아이가 깨어날 즈음 적당한 소리를 들려주는 것이 좋다고 말합니다. 아이가 자연스럽게 잠에서 깨어날 수 있게 하기 위함입니다. 아이에 따라 조금만 자고도 일어나는 경우가 있는데 이 또한 존중되어야 합니다.

아이가 커갈수록 낮잠 욕구도 줄어듭니다. 프랑스 국립보건의
학연구소는 아이가 성장함에 따라 낮잠 시간은 점점 줄어들어 어느
순간 사라지고, 밤 수면 시간이 늘어난다고 말합니다. 오전 낮잠은
18~24개월 무렵에 사라지고, 오후 낮잠은 보통 만 3세 무렵에 사라
집니다.[16]

긴 낮잠은 밤잠을 저해할 수 있습니다. 소아와 아동의 건강을
연구하는 한 논문에 의하면[17] 긴 낮잠은 밤잠의 양과 질에 영향을 주
고, 밤에 잠들 때까지 걸리는 시간을 증가시킬 수 있다고 합니다. 이
렇게 되면 아이가 잠에 들 때까지 뭘 어떻게 해야 할지 모르는 부모
의 스트레스도 증가하겠지요.

긴 낮잠이 밤잠에 미치는 영향

2015년, 호주의 연구팀이 만 2~5세 아동을 대상으로 낮잠의 영
향을 측정하기 위한 연구를 진행했습니다. 이들은 유아의 낮잠
과 관련된 781개 연구 가운데 26개의 연구를 골라 분석했습니
다. 낮잠 시간이 아이의 밤 수면에 미치는 영향, 행동과 인지 그
리고 신체 건강에 미치는 영향을 측정했습니다. 연구팀은 실험
을 통해 만 2세 이후 오후 3시 30분(또는 4시) 이후의 잠은 밤에
잠들 때까지 걸리는 시간을 늦추고, 밤 수면의 양과 질을 모두 감
소시킨다는 결론을 내렸습니다.

- 아이가 늦은 시각까지 깨어 있는 것이 걱정인가요? 그래서 낮잠 시간을 줄이고 싶은가요? 그런데 이게 누구에게 좋은 거죠? 자문해보세요.
- 아이가 늦도록 깨어나지 않는다면 방문을 열어 두세요. 주변 소리와 소음에 자연스럽게 일어날 수 있도록요.
- 아이가 너무 늦게까지 낮잠 자는 것을 방지하려면 잠드는 시간을 당기는 것도 방법입니다.
- 침실이 아닌 다른 공간에 쉴 수 있는 자리를 마련해 아이가 낮잠 시간 외에도 눕거나 쉴 수 있게 해주세요. 낮잠은 편안해야 합니다.

결론

모든 아이는 수면과 관련해서 제각기 다른 욕구를 가지고 있습니다. 너무 늦은 오후가 아닌 이상 하루 한 번의 낮잠은 아이의 기분과 행동, 인지 능력에 매우 중요한 영향을 미칩니다. 다만 너무 늦은 오후까지 낮잠을 잘 경우 밤잠에 영향을 끼칠 수 있습니다. 이때는 적당한 소음이나 소리를 들려주어 자연스럽게 깨워주세요. 밤 수면의 질은 낮 수면보다 중요하니까요.

7

잠들 때까지 침대에서
혼자 울게 둬도 되나요?

찬성 > 아이가 우는 게 꼭 나쁜 것만은 아니라고 생각해요. 혼자 울어야 할 필요가 있다는 생각이 들 때도 있어요.

반대 > 아이가 잠들기 전이든 아니든 어떠한 경우에도 우는 아이를 혼자 내버려두는 일은 절대 없어야죠. 엄마는 언제나 아이에게 따뜻한 품을 내주어야 해요.

저자의 생각 > 반대입니다. 어른의 품에서 우는 경우라면 모를까 혼자 침대에서 우는 것은 상황이 다릅니다. 발달 중인 작은 뇌가 과다하게 분비된 코르티솔에 의해 폭발할 수도 있기 때문입니다.

생후 12개월 된 필리가 울기 시작합니다. 온몸을 배배 꼬고 눈을 비빕니다. 엄마가 아이를 안더니 속삭입니다. "필리, 많이 피곤한가 보구나. 침대로 데려다 줄게, 조금 자렴." 엄마는 애착 인형과 함께 아이를 침대에 눕힙니다. 아이는 혼자가 되었습니다. 몇 초 뒤, 아이의 울음소리가 문을 뚫고 터져 나옵니다.

 엄마의 생각

우는 게 꼭 나쁜 것만은 아니에요. 눈물은 긴장을 풀어주고 감정을 드러내주죠. 가끔은 혼자 우는 일도 필요하다고 봐요.

 아이의 생각

저는 지금 너무 피곤하고 쉬고 싶어요. 하지만 엄마가 저를 침대에 눕히고 문을 닫고 나가버리면 어떻게 해야 할지 모르겠어요. 홀로 버려진 것 같아 무섭기도 해요. 제가 필요로 하는 건 엄마가 저를 안아주는 거예요. 혼자 울다 보면 제가 더 이상 엄마를 부르지 않는 날이 올 거예요. 엄마는 제가 혼자여도 된다고 생각하겠지만 사실은 아니거든요. 잠들 때까지 엄마가 옆에 있어주면 좋겠어요.

우는 아이를 혼자 두지 말아야 하는 이유는 무엇인가요?

아이를 위험에 빠트릴 수 있습니다. 엄마 품에서 떨어진 아이는 금세 불안에 사로잡힙니다. 심할 경우 위험을 감지하는 편도체가 패닉에 빠지지요. "도와줘요. 제가 지금 혼자 있어요." 이에 대한 반응으로 시상하부는 스트레스 물질을 분비하라는 명령을 내립니다. 그렇게 아이의 뇌는 다량의 화학 물질과 호르몬 물질로 가득 채워지죠. 이때 엄마가 나타나 아이를 품에 안아주면 아이는 비로소 진정됩니다.

아이가 지치고 체념한 채로 잠듭니다. 코르티솔(많은 양이 반복적으로 분비될 경우 큰 독성을 띠는 물질)로부터 아이의 뇌를 보호하기 위해 우리 몸은 비상 대책을 실행합니다. 엔도르핀이나 세로토닌처럼 아편 같은 역할을 하는 물질로 뇌를 흠뻑 적시는 거지요. 이는 마치 스스로 마약을 투약하는 것과 같습니다. 그러면 아이는 지쳐 체념한 상태로 잠들게 됩니다. 안심은커녕 조금도 편안하지 않은 상태로 말입니다.

애착 관계를 저해할 수 있습니다. 아이의 구조 신호에 반응을 보이지 않으면 애착 관계가 형성되지 않을 수 있습니다. 이런 일이 반복되면서 아이는 혼자서 잠드는 법을 배우는 것이 아니라 부모(또는 어른)를 믿지 않는 법을 배우게 되겠지요. 시간이 흐르면서 점점 더 '혼자'에 적응하게 된 아이는 어떤 위험한 상황에서도 구조 신호를 보내지도, 울지도 않을 것입니다.

반복되는 스트레스는 장기적으로 뇌에 나쁜 영향을 미칩니다. 다량의 코르티솔 분비는 발달 중인 아이의 뇌에 독약이나 마찬가지입니다. 특히 해마 부위에 해를 끼치며, 신경 세포의 손실을 가져오기도 합니다. 한 소아과 의사는 이렇게 말합니다. "화학 물질이 뇌를 가득 채우면 세로토닌의 정상적인 분비를 감소시키고 편도체를 무감각하게 만듭니다. ……(중략)…… 낮은 세로토닌 수치는 동물과 인간의 폭력성을 나타내는 중요한 지표로, 살인이나 자살, 방화, 반사회적 장애, 자해, 그리고 그 밖의 공격적인 행동과 연관되어 있다는 사실을 잊어서는 안 됩니다."[18]

비상 대책을 가동하는 뇌

독일 뮌헨대학 아동병원의 칼 하인리히 브리쉬는 이렇게 말합니다. "어른의 개입 없이 혼자서 우는 아기는 뇌 속에서 일찍부터 비상 대책을 가동하는 법을 배웁니다. 이 비상 대책은 동물들이 생명의 위협을 느낄 때 죽은 척하는 것과 매우 비슷한 양상을 띱니다."

반복되는 비상 대책은 아이의 뇌 발달에 나쁜 영향을 끼칩니다. 이런 경험을 자주 하며 성장한 아이는 성인이 되어 스트레스에 대처할 때 어려움을 겪을 수밖에 없습니다.

아이가 울음을 그치는 것의 다른 의미

2012년, 《초기 인간 발달》이라는 학술지에 발표된 뉴질랜드의 한 연구도 비슷한 견해를 보입니다. 연구진들은 5일에 걸쳐 혼자 우는 아기들의 타액에서 코르티솔을 추출, 수치를 측정했습니다. 첫째 날, 아기를 홀로 둔 엄마의 코르티솔 수치만큼 아기의 코르티솔 수치도 높게 나타났습니다. 셋째 날, 대부분의 아기들은 코르티솔 수치가 여전히 높았음에도 더는 울지 않았습니다. 스트레스는 여전하지만 그것을 표출하지 않는다는 것을 의미합니다. 반면 어른은 아기의 울음이 그쳤다는 사실에 안도하고 더는 코르티솔을 생성하지 않았습니다.

🧪🧪🧪 결론

우는 아기를 홀로 내버려두는 것이 당장은 문제없을지 모르지만 장기적으로는 악영향을 끼친다는 사실이 명확해졌습니다. 아이에게 가장 편한 곳은 엄마 품입니다. 이 사실만 기억하세요.

8

아이를 안아
살살 흔들어 재워도 되나요?

찬성 > 아기를 안아 살살 흔들어 재우는 건 긴장을 완화해줄 뿐만 아니라 애착 관계를 형성하는 데도 도움이 되지요.

반대 > 아기를 안아 재우는 게 습관이 되면 엄마는 평생 침실 밖으로 나가지 못할 거예요. 혼자 잘 수 있게 해야 합니다.

저자의 생각 > 아이가 그럴 필요를 느끼거나 특정한 상황에서는 찬성입니다. 수면 교육을 위해 아이를 안아 흔들어 재우는 것은 과도기적 단계로, 아이가 혼자 자는 과정으로 가는 길이자 어린이집에서의 빠른 적응을 도울 수 있는 방법이기도 합니다.

상황

돌쟁이 로뱅, 엄마는 로뱅이 신생아일 때부터 품에 안고 흔들어 재우고 있습니다. 오늘도 어김없이 로뱅이 자고 싶다는 신호를 보냅니다. 엄마는 아이를 품에 안아 살살 흔들기 시작합니다. 그 모습을 보던 남편이 말합니다. "자꾸 그러지 마. 그러다가는 앞으로도 쭉 그래야 할 텐데. 로뱅 혼자 잠들 수 있게 해보는 건 어때?"

 엄마의 생각

사실 저도 좀 헷갈려요. 로뱅이 너무 소중하고 예뻐서 품에 안고 살살 흔들면서 재워주는 게 좋거든요. 그런데 남편 말대로 로뱅이 혼자 잠들 수 있게 해줘야 하는 거 아닌가 싶기도 해요. 나중에 어린이집에 보내게 되면 선생님들이 저처럼 항상 안아서 재워줄 수도 없는 일이고요.

 아이의 생각

사실 잠드는 게 그리 간단한 일은 아니에요. 잔다는 것은 엄마 아빠와 떨어져 고요함 속으로 들어가는 일이니까요. 조금 무섭기도 하고요. 그런데 엄마가 안아서 흔들어 재워주면 좋아요. 안심도 되고 기분도 좋아지거든요. 하지만 만약 엄마가 저를 다른 방식으로 재우고, 제가 그것이 편하면 저는 조금씩 혼자 잠들 수 있을 거예요.

🔓 흔들어 재우는 것의 장점은 무엇인가요?

수면의 질이 높아집니다. 2019년, 학술지 《커런트 바이올로지》에 발표된 스위스 제네바대학 연구진들의 연구에 의하면[19] 아이를 안아 재우거나 가볍게 흔들어 재우는 것은 수면의 질과 시간에 좋은 영향을 미친다고 합니다. 연구진들은 반복적인 흔들림이 아이의 뇌파와 동기화되며, 그중에서도 수면과 기억력 안정에 중요한 역할을 하는 신경망 활동(시상 피질)과 동기화된다는 사실을 발견했습니다. 아이들은 침대가 고정되어 있을 때보다 일정한 움직임이 있을 때 더 빨리, 더 깊이, 더 오래 잤습니다. 반면 마이크로 각성(좋지 못한 수면의 질을 가늠하는 지표)의 횟수는 적게 나타났습니다. 또한 안아서 흔들어 재운 아이들은 그러지 않은 아이들에 비해 기억력 검사에서도 더 높은 점수를 보였습니다.

흔들어 재우기는 아이의 전정기관을 자극합니다.[20] 내이에 위치한 전정기관은 균형 감각과 위치 감각을 담당합니다. 로잔대학의 연구진들은 쥐 실험을 통해 흔들어 재우기가 전정기관을 자극하는 데 긍정적인 효과가 있다는 사실을 밝혀냈습니다.[21]

서로의 몸이 가까워지면 옥시토신 분비가 촉진됩니다. 옥시토신 호르몬은 아이의 스트레스 수치와 혈압을 낮추고 두 사람 간의 애착 관계가 형성되는 것을 돕습니다. 이는 아이가 감정적으로 더욱 안정되게 만들어 편한 마음으로 잠들 수 있게 해줍니다.

자신의 몸을 스스로 흔드는 아이들

홀로 침대에 오랜 시간 남겨지는 아이들, 이를테면 보육원 등에서 성장하는 아이들은 전정기관이 건강하지 못한 경우가 많습니다. 외부 자극이 부족한 아이들은 결국 자신의 몸을 직접 흔드는 현상을 보이기도 합니다. 아무도 자신을 흔들어 재워주지 않으니 스스로 흔드는 것이지요. 전정기관을 자극하지 않는 것이 병원증의 원인 중 하나라는 사실은[22] 매우 흥미롭습니다. 좀 더 상세히 설명하면, 병원증은 부모와 떨어져 충분한 돌봄을 받지 못하는, 시설에 맡겨진 아이들에게서 많이 관찰되는 심각한 정신병리학적 증상입니다.

살살 흔들어 재우는 것이 문제가 되는 경우는 없다

아이를 안아 살살 흔들어 재우는 것은 낯선 광경이 아닙니다. 오히려 모든 문화권에서 아주 오래전부터 해온 자연스러운 행동이지요. 문화마다 흔드는 강도는 조금씩 다를 수 있습니다. 이를테면 인도와 아프리카에서는 아이를 좀 더 힘차게 흔들고, 피그미족은 더 격렬하게 흔듭니다. 흥미롭게도 아프리카와 브라질의 영향을 받은 포르투갈에서는 60%의 여성이 아이를 흔들어 재우는 것이 효과적이라고 생각한다고 합니다.

프랑스에서 흔들어 재우기가 논란이 된 이유

프랑스 엄마들은 오래 전부터 아이가 잠들기 전부터 곤히 자는 동안에도 아이를 살살 흔들면서 아이가 자는 모습을 지켜보곤 했습니다. 전해져 내려오는 수많은 자장가들이 이를 증명하죠. 프랑스 엄마들은 물론 전 세계 모든 엄마들의 공통점일 것입니다. 그런데 최근에는 아이를 흔들어 재우지 말라고 권고하는 의사와 심리학자들이 많아졌습니다. 왜일까요?

"그땐 인스타그램도, 게임 앱도, 넷플릭스도 없었으니 넘치는 게 시간이었잖아요. 하지만 지금은 달라요."

정말로 이게 이유일까요? 진짜 이유는 엄마들의 시간이 없어진 게 아니라 흔들어 재우기에 대한 인식이 바뀌었기 때문입니다. 아이를 가능하면 빨리 사회화시키고 자립시켜야 한다는 걱정이 과도한 모성애로 진화한 것이죠. "뭐라고요? 아이를 안아서 살살 흔들어 재우라고요? 그러다 버릇이 잘못 들어 스물다섯 어른이 돼서도 혼자 잠을 못 자면 그땐 어떡하나요?"

이런저런 사건과 과정을 거치면서 우리는 '가까운 보살피기'에서 '먼 보살피기'를 추구하는 쪽으로 변화했습니다. 엄마와 아이의 몸이 가까워지는 것을 무조건 긍정적으로만 보지 않게 된 것이죠.

흔들어 재우기, 이것만은 기억하세요

흔들어 재우기에는 크게 두 종류가 있습니다. 하나는 큰 폭으로 천천히 흔드는 것이고, 다른 하나는 작은 폭으로 조금 빨리 흔드는 것이지요. 실험 결과 흔드는 속도에 따라 아이에게 미치는 영향도 다르다고 합니다. 느리고 규칙적인 진동수는 아이를 평온한 상태로 만들어주는 반면 빠르고 높은 진동수는 아이를 자극하는 효과가 더 크다고 합니다.[23] 흔들어 재울 때는 다음의 두 가지를 기억하세요.

① **아기가 편안한 환경을 만들어주세요.** 엄마의 따뜻한 품속에서 잠들었는데 눈을 뜨니 낯선 환경이거나 혼자 침대에 누워 있다는 사실을 감지한 아이는 겁을 먹거나 불안함을 느낄 수 있습니다. 이렇게 되면 당연히 눈물부터 터트리겠죠. 가능하면 실내 환경을 비슷하게 유지하면서 아이가 일어날 즈음에는 옆에 있어주는 것이 좋습니다.

② **반복되는 패턴을 만들어주세요.** 매일 비슷한 시간에 엄마 또는 아빠가 방에서 자신을 재워주는 과정을 아기는 하나의 패턴으로 인식합니다. 그러면 아이의 뇌는 수면을 예측할 수 있게 되고, 그것을 스트레스로 받아들일 가능성은 적어지죠.

- 아이가 원한다면 아이를 살살 흔들어 재워주세요. 그런 다음에 침대에 눕히면 됩니다.
- 아이가 울면 얼굴을 쓰다듬어주면서 다정한 말을 속삭여 보세요. 물론 아이가 말을 이해하는 데는 한계가 있습니다. 하지만 다정한 목소리라면 아이의 마음도 곧 편안해질 것입니다. 그래도 아이가 진정되지 않는다면 잠깐 품에 안았다가 다시 침대에 눕혀주세요.
- 엄마라는 역할은 결코 쉽지 않습니다. 유독 힘든 날에는 초콜릿이나 사탕 하나를 입에 넣은 뒤 다음 휴가를 상상해보세요.

결론

아이를 흔들어 재우는 것이 습관이 되어 '나쁜 버릇'으로 자리 잡을까봐 걱정할 필요가 없습니다.

9

낮잠을 조금 어두컴컴한 곳에서 재워도 될까요?

찬성 > 밝은 곳에서는 잠드는 게 어렵기도 하고 날파리의 미세한 날갯짓에도 깰 수 있거든요.

반대 > 어두운 곳에서 낮잠을 자면 뇌가 혼란에 빠질 거예요. 밤에 잠드는 걸 방해할 수도 있고요.

저자의 생각 > 반대입니다. 아이들이 밤에 잠을 잘 자도록 하기 위해서는 낮, 특히 햇빛에 노출되어야 합니다. 어두컴컴한 곳에서 낮잠을 자게 되면 뇌는 때에 맞지 않게 멜라토닌을 분비하게 되고, 이로 인해 아이의 생체리듬도 깨집니다.

오후 12시 45분, 엄마가 아이 방의 커튼을 내리고 있습니다. 갑자기 어두워진 탓에 침대가 어디에 있는지 겨우 보일 정도입니다. 잠을 자러 들어온 소니아가 어둠 속에서 혼잣말처럼 내뱉습니다. "너무 어두워." 그 말에 엄마가 말합니다. "아니야, 잠은 어두운 곳에서 자는 거야."

 엄마의 생각

잠은 어두운 곳에서 자야 한다고 생각해요. 그래야 아이도 편안하고 지금이 휴식 시간이라는 걸 이해할 수 있으니까요. 또 방이 어두우면 자극도 덜할 거 같아요. 환한 방은 놀이나 즐거움을 연상시켜요. 그래서 수면을 유도하기가 힘들죠.

 아이의 생각

엄마는 제가 잘 때면 낮이든 밤이든 저를 어둠 속으로 밀어 넣어요. 대체 왜 그러는지 모르겠어요. 어두운 방이 제 생체리듬에 혼란을 준다는 사실은 전혀 모르는 것 같아요. 제 뇌는 너무나도 혼란스럽다고요. 어두운 곳에서 자면 제 뇌는 지금이 밤이라고 착각해요. 그리고 엄마는 해가 질 때 불을 환하게 켜죠. 그래놓고는 밤에 제가 일찍 자지 않는다고 혼내요.

자연광 아래에서 아이를 재우는 걸 추천하는 이유가 있을까요?

햇빛은 생체리듬 주기를 확립하는 데 중요한 역할을 합니다. 생체리듬을 연구하는 학자들은 자연광을 '시간 수여자'라고 부릅니다. 자연광은 우리 몸에 지금이 낮인지, 밤인지, 아침인지, 오후인지 시간의 흐름을 알려주는 강력한 신호입니다. 햇빛은 우리 몸의 생물학적 시계인 일주기 리듬circadian rhythm을 조정하는 대표적인 요소로 특정 호르몬을 만들어내거나 분비하게 하는 역할을 합니다. 햇빛은 위대합니다.

(그리 똑똑하지 않은) 뇌는 어둠 속에서 지금을 밤이라 생각하고 멜라토닌을 분비합니다. 낮 동안 자연광 아래서는 자연스럽게 '암흑의 호르몬'인 멜라토닌의 분비가 억제됩니다. 하지만 낮잠을 자는 동안 아이가 어두운 곳에 있게 되면 뇌는 그것을 밤으로 착각합니다. 그 결과 멜라토닌이 분비되고, 당연히 신호 체계는 엉망이 되지요. 이런 일이 반복되면 뇌는 혼란에 빠집니다. "얘들아, 지금이 낮이야, 밤이야? 대체 누가 커튼을 친 거야?"

생체리듬이 뒤엉키거나 엉망이 될 수 있습니다. 해질 무렵 합성이 시작되어야 하는 멜라토닌이 불규칙하게 분비될 경우 정작 밤이 되어 아이가 자야 할 때 쉽게 잠들지 못하는 일이 발생합니다. 결국 이는 수면의 양은 물론 질을 해치는 요인으로 작용하지요.

수면 조절 외에도 생체 시계의 올바른 동기화는 아이의 건강과 호르몬 주기, 면역 체계에 아주 중요한 역할을 합니다. 바꿔 말해, 생체 시계가 제대로 돌아가지 않으면 신진대사에 문제가 생깁니다.

잘 때 실내조명을 켜는 건 추천하지 않아요

밤의 환한 불빛이 멜라토닌 수치뿐 아니라 더 넓은 관점에서 신진대사와 건강에 미치는 영향을 밝혀낸 연구는 많습니다. 2013년에 나온 연구 결과는[24] 저녁 1시간의 액정 불빛 노출이 성인의 멜라토닌 수치에 유의미한 영향을 미치지 않는다고 강조합니다. 하지만 노출 시간이 2시간을 넘으면서 멜라토닌 수치가 22% 정도 감소했는데, 이는 햇빛에 노출되었을 때의 멜라토닌 수치에 해당합니다. 이 경우 일주기 리듬은 수면 상태(밤 수면)에서 이상경고 상태(낮과 같은 상태)로 변화합니다.

2014년 《미국 역학 저널》에 발표된 한 연구에 따르면, 밤에 환한 불빛을 켜놓고 잠드는 것은 과체중을 유발할 위험이 있다고 합니다.[25] 또 다른 연구 역시 야간 불빛이 우울증 및 암 발병 사이에 연관성이 있다는 사실을 증명했습니다. 국제암연구기구도 야간 업무를 '발암 추정 요인'으로 분류하고 있습니다. 결론적으로 밤의 불빛은 생체리듬을 혼란스럽게 만들어 우리 몸에 해로운 영향을 미칩니다.

아이가 어둠 속에서 낮잠을 잘 때 벌어지는 일

- **첫 번째 단계**: 아이의 눈이 매우 약한 불빛을 감지합니다. 해가 중천에 떠 있는데 참으로 이상하지요. 아이의 망막, 좀 더 정확히 말하면 망막 신경절 세포가 '광수용체'라 불리는 성능이 매우 뛰어난 일종의 사진기를 통해 이 불빛을 처리합니다.
- **두 번째 단계**: 이 불빛이 생체 시계로 전달됩니다.
- **세 번째 단계**: 여러 번의 릴레이 끝에 이 불빛은 그 강도에 따라 멜라토닌을 분비하는 임무를 맡은 곳에 도달합니다(어떤 학자들은 멜라토닌을 시계의 시곗바늘이라고 생각하기도 합니다.).
- **마지막 단계**: 해가 중천에 떠 있음에도 암흑의 호르몬인 멜라토닌이 분비됩니다.

일주기 리듬이 대체 뭔가요?

일주기 리듬circadian rhythm이란 인체의 놀라운 생물학적 프로세스를 통칭하는 총 24시간으로 구성된 하나의 주기를 말합니다. 잠에서 깨어 잠드는 주기뿐만 아니라 체온과 코르티솔 수치의 변화까지도 포함하는 개념이죠.

우리의 코르티솔 수치는 낮과 밤의 교체 주기만큼이나 정기적입니다. 다시 말해, 코르티솔 수치는 24시간 내에서 예측 가능하고 규칙적인 방식으로 증가하고 감소합니다. 예를 들면 저녁이 되어 태양광이 감소하면 멜라토닌이 분비되기 시작하고, 이는 새벽 3~4시경 정점을 찍습니다. 한편 코르티솔은 잠에서 깨기 직전인 아침 6~8시 사이에 정점을 이룹니다. 그 덕분에 당신의 몸이 침대에서 일어날 에너지를 찾게 되는 거죠.

⚗️⚗️⚗️ 결론

아이가 낮잠을 자는 동안에는 커튼을 살짝 걷어주는 것을 권합니다. 물론 따가운 햇살에 아이의 눈이 부셔서는 안 되겠죠.

10

아이가 낮잠을 자는 동안 잔잔한 음악을 틀어줘도 될까요?

찬성 > 잔잔한 음악은 아이의 긴장을 풀어주고, 여기저기 뛰어다니는 에너자이저 상태에서 눈을 스르륵 감는 명상가로 만들어줍니다.

반대 > 아이의 수면 루틴에 음악을 비롯한 다른 외부 자극을 포함시켜서는 안 된다고 생각합니다. 잘 때는 자극이 없어야죠.

저자의 생각 > 찬성도, 반대도 아닙니다. 부드러운 음악은 신경을 안정시켜 주는 효과가 있어요. 그렇다고 해서 아이의 낮잠 루틴에 음악을 포함하는 것을 권장하는 것은 아닙니다. 잠들기 전까지만 들려주는 것이 좋습니다.

낮잠 시간입니다. 하지만 점심을 먹고 얼마간의 자유 시간을 가진 아이는 쉽게 흥분을 가라앉히지 못합니다. 엄마는 아이의 몸과 마음을 진정시키기 위해 조용하고 잔잔한 음악을 틀어줍니다. 그때 문득 다른 생각이 미칩니다. '이렇게 계속 음악을 틀어놓고 재우다 보면 습관이 되어 나중에는 음악 없이 잠들지 못하는 게 아닐까? 그냥 옛날이야기를 하나 들려줄까?'

 엄마의 생각

아이를 재우는 건 생각만큼 쉬운 일이 아닙니다. 낮잠을 자기 위해 누워서도 저에게 말을 걸거나 계속해서 장난을 치곤 하죠. 이때 부드러운 음악을 틀어주면 아이의 몸과 마음이 풀어집니다. 그런 면에서 낮잠 시간에 잔잔한 음악을 들려주는 건 좋은 생각인 것 같아요. 아이가 잠들고 난 뒤에 음악을 꺼도 되고, 자는 내내 틀어줘도 되고요.

 아이의 생각

정말 피곤한데 잠드는 게 어려울 때가 있어요. 이때는 자기 싫어서가 아니라 자고 싶어도 못 자는 거예요. 저는 어른들처럼 이성적으로 생각하고 숨을 천천히 쉬는 걸 할 수 없어요. 그렇기 때문에 어른들이 저를 위한 환경을 만들어줘야 해요. 차분하고 조용하며 자극적이지 않은 환경에서 자야 한다는 말이에요. 그렇지 않으면 제 뇌가 자극을 받아 제대로 잘 수 없을지도 모르거든요.

🔓 낮잠 자는 아이에게 음악을 들려주는 것이 도움이 될까요?

편안한 음악은 스트레스 호르몬의 분비를 감소시킵니다. 부드러운 음악을 듣게 되면 아드레날린과 같은 스트레스 호르몬의 분비는 억제되고, 뇌의 쾌락 및 보상 회로에 관여하는 엔도르핀과 도파민 같은 신경전달물질의 생성은 촉진됩니다.

느린 음악은 심장박동을 느리게 만들어줍니다. 2018년 셰필드 대학 연구진들이 발표한 결과에 따르면[26] 조용하고 느린 음악은 신경체계의 활동과 호흡, 심장박동을 늦추고 혈압을 내려주는 효과가 있습니다. 특히 특정한 조건 하에서 정확하게는 볼륨이 아주 작을 때 이러한 음악은 명상에 견줄 만큼의 생리적 변화를 이끌어낸다고 합니다.

하지만 수면 중 음악을 듣는 것은 그리 좋은 생각이 아닙니다. 가정이나 집단 시설에서 아이들이 낮잠을 자는 동안 잔잔한 음악을 들려줬습니다. 그중 음악을 틀어놓고 잠든 아이들에게서 집중력 부족과 같은 문제들이 발견되었습니다. 왜일까요? 귀는 눈꺼풀이 있는 눈과 달리 계속해서 소리에 노출되기 때문입니다. 다시 말해 자는 동안에도 청각은 깨어 있습니다. 소리는 귀에 도달하여 뇌로 전달되고, 뇌는 전달받은 신호를 해석합니다. 이는 생리적 반응을 동반하고, 결과적으로 수면의 질에 영향을 줄 수밖에 없습니다.

최고의 효과를 위한 'L'모드

임상심리학자이자 음악치료사인 스테판 게탱은 자신의 환자들이 마음의 안정을 찾고 수면의 어려움을 겪지 않기를 바라는 마음으로 음악의 특성(리듬, 선율, 진동수)에 기반한 음악치료법을 개발했습니다.

그가 개발한 음악은 잠드는 효과가 있는 L 모드, 진정 효과가 있는 U 모드, 그리고 활력을 주는 J 모드로 나뉩니다. 이 중 우리가 집중하는 것은 L 모드입니다.

L 모드는 듣는 사람의 심장 박동과 비슷한 템포(약 80bpm)로 시작되어 점점 느려집니다. 게탱은 이렇게 말합니다. "음악에 의한 진정 치료법은 통각 감퇴증의 원칙에 바탕하고 있습니다. 그것의 감각적, 인지적, 감정적, 행동적, 사회적 효과는 이미 여러 연구를 통해 증명되었죠."

자장가는 템포가 느리다

캐나다 토론토대학의 심리학 연구원인 산드라 트레후브의 연구는 전 세계 엄마들이 아기에게 들려주는 자장가에는 공통점이 있다고 말합니다. 바로 고음과 느린 템포입니다. 만 3세 이상의 아이들 역시 갓난아기에게 노래를 불러줄 때면 음조를 높이고 박자를 늦춥니다. 자궁 속에서 오랜 기간 엄마의 느린 심장박동에 맞추어 잠을 자곤 했던 기억이 남아 있기 때문이라고 볼 수 있죠.

무중력: 세상에서 가장 편안한 곡?

영국의 트리오 마르코니 유니온은 영국음악치료학회와 협력하여 '무중력Weightless'이라는 곡을 작곡했습니다. 8분 8초로 구성된 이 음악의 목표는 다양한 리듬, 음조, 진정 효과가 있는 진동수를 통해 듣는 사람의 마음을 편안하게 하는 데 있습니다. 2011년 영국 마인드랩연구소의 과학자들이 실시한 실험에 따르면, 이 곡은 스트레스를 65%나 줄여주었으며 다른 곡들에 비해 진정 효과도 더 높았다고 합니다.

느린 음악이 진정 효과를 주는 이유

이쯤이면 음악이 어떤 방식으로 아이의 마음에 영향을 미치는지, 느린 음악이 어떻게 아이를 진정시키는지 궁금할 것입니다. 아주 좋은 질문입니다. 답은 간단합니다.

스피커를 통해 방출된 소리는 공기 중으로 이동해 음압을 발산하며 귀로 들어와 고막을 간지럽힙니다. 하지만 모든 음은 제각기 고유한 진동수와 진동을 가지고 있죠. 만약 리듬이 그것을 듣는 아이의 고유한 리듬(심장박동, 뇌의 순환, 호흡 리듬, 세포의 진동 리듬, 심지어 혈류 속도 등)보다 빠르면 아이 내부의 오케스트라는 삐걱거리게 됩니다. 그러면서 들리는 음의 움직임에 따라가려고 하죠.

이렇게 되면 스트레스와 긴장감이 상승합니다. 교감신경계가 자극받았기 때문입니다. 이와 반대로 스피커에서 방출된 음이 아이 내부의 템포와 조화를 이루면 아이는 편안함을 느낍니다. 잠들기 전에 빠른 음악보다 느린 음악을 권하는 이유가 바로 여기에 있습니다. 결론적으로 진정 효과를 위해서는 음악의 종류보다 템포가 더 중요합니다.

- 낮잠을 재우기 직전에 '잔잔한 음악 청취'라는 소소한 습관을 들여보세요. 딱 하나 문제가 있다면, 음악을 틀기도 전에 아이가 잠들어버릴 수 있다는 것입니다.
- 작은 음량의 단조롭고 느린 템포의 음악이 좋습니다.

🧪🧪🧪 결론

부드러운 음악을 들려주는 것은 아이의 긴장을 완화하고 좀 더 쉽게 잠들게 하는 데 도움이 됩니다. 단, 너무 크게 틀거나 자는 내내 틀어놓는 것은 피하세요.

· 3장 ·

놀이에 관하여

11

전자 장난감을 마음껏 가지고 놀게 해도 되나요?

찬성 > 전자 장난감은 아이의 관심과 흥미를 유발하는 요소로 가득합니다. 어린 시절에 전자 장난감을 가지고 놀지 않는다는 건 유아기를 제대로 누리지 못하고 있다는 뜻이에요.

반대 > 불빛이 깜빡이고 여기저기서 음악이 흘러나오는 전자 장난감은 아이를 과도하게 자극하고 놀이 활동에 대한 흥미를 떨어트립니다.

저자의 생각 > 반대입니다. "뿡뿡뿡 뿡뿡. 자, 다 함께 노래 불러요. 산할아버지 구름 모자 썼네. 자, 이번에는 영어로. 이번에는 중국어로 시작. 좋아요, 이제는 알파벳을 읊어볼까요? 마지막으로 복습을 해보아요."

사용한 지 몇 분 지나지도 않았는데 온몸에서 힘이 빠져나가는 기분입니다. 아이도 아마 당신과 같은 피로를, 아니 더 큰 피로를 느끼고 있을 겁니다. 하지만 아이는 그 사실을 인식하지도, 어떻게 벗어날 수 있는지도 모르죠.

 상황

돌쟁이 티앙이 작은 플라스틱 자동차를 이리저리 돌려보더니 입으로 가져갑니다. 이때 엄마가 작은 거북이 장난감을 가지고 나타나 버튼을 누릅니다. 순간 거북이가 노래를 부르며 앞으로 움직입니다. 등 부분도 온갖 색으로 번쩍이기 시작하네요. 거북이를 본 티앙의 눈이 휘둥그레집니다. 그러더니 입을 벌린 채로 거북이 뒤를 졸졸 따릅니다. 그 어느 때보다 집중한 모습입니다. 거북이를 손에 넣은 티앙이 손으로 장난감을 내려치기 시작합니다. 머리, 등껍질, 발, 꼬리. 딱 보기에도 티앙은 자신이 지금 뭘 하는지 모르는 것 같네요. 감각 폭탄과 같은 이 작은 장난감 앞에서 완전히 정신을 잃은 것 같습니다.

 엄마의 생각

신경에 조금 거슬릴 수는 있지만 전자 장난감은 아이들을 위한 좋은 물건이라고 생각해요. 기존의 장난감들이 아이들에게 제공하지 못하는 많은 것들을 제공해주니까요. 음악을 들을 수 있는 건 물론이고 다양한 언어를 접할 수도 있으며 순간순간 변하는 재미까지 있잖아요. 게다가 '교육용'이기도 하고요. 이 말은 아이의 잠재 능력을 계발하고 학습을 돕기 위해 전문가들에 의해 특별히 고안된 장난감이라는 뜻이잖아요.

아이의 생각

저는 신나고 좋아요. 거기에 빠져 있으면 다른 장난감들은 눈에 들어오지도 않거든요. 사실 다른 데로 관심을 돌리고 싶어도 너무 재밌어서 눈을 돌릴 수가 없어요. 그러니 만약 저를 도와주고 싶다면 다른 부모님들처럼 하면 돼요. 장난감에서 건전지를 빼는 거죠.

전자 장난감을 가지고 놀지 말아야 하는 이유는 무엇인가요?

아이의 청력에 해롭습니다. 2011년 알렌대학의 청각학 교수인 아넷 림버거가 실시한 연구는 부모와 돌봄 전문가들에게 전자 장난감이 내는 소리의 잠재적 위험성에 대해 경고합니다. 방음 처리된 방 안에서 과학자들은 다양한 장난감(뮤직 박스, 전자 피규어, 아동용 휴대전화 등)이 내는 소리의 크기를 측정했습니다. 그 결과 탬버린과 백파이프가 가장 높은 순위를 차지했습니다. 그중 탬버린의 세기는 무려 112.8dB(공항 가까이에서 들리는 이륙하는 비행기 소음)에 달했습니다. 실로폰은 98.5dB로 잔디 깎는 기계의 소음과 비슷했고, 미국에서 대중적으로 유통되는 아동용 백파이프는 무려 132.5dB(이륙하는 제트기 소음)에 달했습니다.

아이들의 귀는 아직 발달하고 있습니다. 그런 만큼 매우 약합니다. 연구진들은 아이가 지속적으로 높은 소리에 반복 노출될 경우 청력에 손상을 입을 수 있으며, 심할 경우 청력을 20% 정도 상실할 수 있다고 경고합니다.

시끄러운 것을 넘어 엉터리인 장난감도 많습니다. 2013년, 전자 장난감이 어린아이들의 청력 건강에 미치는 피해를 두고 음향 전문가들이 규탄했습니다. 루이-뤼미에르 국립고등예술학교의 교수이자 음향 전문가인 크리스티앙 위고네에 따르면 잘못된 방식으로 연주되는 장난감들이 생각보다 많으며, 실제 소리와는 다른 음을 방출함으로써 아이들에게 잘못된 음을 제공하는 경우도 많다고 합니다.

소통을 제한하고 언어 발달을 억제합니다. 2015년 말, 미국의 소아과학 학술지 《자마 페디아트릭스》에 발표된 한 연구를[27] 주목해야 합니다. 연구진들은 10~16개월 아기와 부모의 놀이 활동 26건을 가지고 소통 정도를 분석했습니다. 비교군은 전자 장난감, 퍼즐과 레고 같은 전통적인 장난감, 그리고 책이었습니다. 결과는 어떻게 나왔을까요? 전자 장난감을 사용했을 때 다른 두 경우에 비해 아이와 부모가 소통하는 횟수와 사용된 어휘 둘 다 적었습니다. 아이의 자기표현 횟수 역시 적었습니다.

주의력과 집중력을 약화시킵니다. 전자 장난감이 주는 자극은 아이의 주의력을 저해합니다. 아이의 마음이 온통 장난감에 가 있으니 당연한 결과죠. 이러한 자극이 오랜 시간 이어지면 학습력에도 영향을 미칠 수 있습니다. 그럼에도 장난감 업계는 이들 제품에 '교육용'이라는 명분을 붙여 판매하고 있습니다.

아이를 불안정하고 충동적으로 만듭니다. 전자 장난감이 주는 강력한 자극은 그것에 노출된 대상에게 스트레스를 줄 뿐만 아니라 신경질적으로 만듭니다. 아이를 과민하게 하고 공격성을 드러내게 하기도 하죠. 수면 문제를 유발하기도 합니다. 이렇듯 전자 장난감은 아이들의 행동에 큰 영향을 미칩니다. 불안정한 아이는 부모를 과민하게 만들고, 과민한 부모는 다시 아이를 불안정하게 만드는 악순환을 만들어냅니다.

전자 장난감은 어떤 면에서 아이의 주의력을 약화시킬까?

우리는 모두 두 가지 주의 체계를 가지고 있습니다. 하나는 비자발적 주의 체계이고, 다른 하나는 자발적 주의 체계입니다. 만약 당신 방 창문으로 호피무늬 팬티를 입은 남성이 보인다면 당신은 그에게 시선을 고정할 것입니다. 요란한 팬티나 다른 특이한 요소가 아니더라도 그럴 것입니다. 이때 받는 자극이 비자발적 주의 체계입니다. 요란한 색의 작은 기차가 반짝이는 불빛과 소리를 내며 움직이면 어린아이는 자기도 모르게 고개를 들어 그것에 주의를 기울일 것입니다. 본능적이고 비자발적인 방식으로 말이죠.

반면 이 책을 읽는 당신은 지금 자발적 주의 체계를 동원하고 있습니다. 중립적이고, 무미건조하고, 조금도 섹시하지 않은(불빛이 반짝거리지도 않고, 소리가 나지도 않고, 호피무늬 팬티도 입고 있지 않으니까요.) 자극에 자발적으로 주의를 기울이고 있으니 말입니다. 하지만 요란한 음악이 나오고, 화려한 장식에 수많은 요소들로 가득한 전자 장난감은 아이들의 비자발적 주의 체계를 자극하고, 자발적 주의 체계가 발달하지 못하게 막습니다.

자발적 주의 체계('집중된 주의 체계'라고도 합니다.)는 학습을 용이하게 하고, 그 자체로 미래의 학업 성취도를 예상하게 해주기 때문에 중요합니다. 하지만 자발적 주의 체계는 저절로 형성되지도 않을 뿐더러 모든 아이들에게서 동일한 방식으로 형성되지도 않지요. 이 말은 곧 주의 체계는 환경의 영향을 받는다는 뜻입니다.

아이가 놀이 활동을 하는 공간의 분위기가 차분하고, 자극 요소가 적을수록 아이의 주의력이 강해집니다. 반대로 주변에 자극 요소가 많으면 자발적 주의가 자극받을 기회가 적어지고 주의력 또한 떨어지게 되겠죠. 이건 당신이 생각하는 것보다 훨씬 중요한 문제입니다.

50dB 이상부터 목격할 수 있는 문제들

세계보건기구는 우리 몸이 50~55dB을 넘는 수준(시끌벅적한 시장의 소음 수준)의 소음에 노출될 경우 수면 장애나 집중력 저하, 학업 성적 부진 등과 같은 부작용을 경험할 수 있다고 말합니다. 참고로, 청력 건강의 한계점으로 여겨지는 80dB은 '업무상 소음'의 기준을 정하는 지표로 활용되기도 합니다.

지속적으로 80dB의 소음(교통이 혼잡한 도로의 소음 수준)에 노출된 근로자는 귀마개를 착용하는 동시에 꾸준히 청력 관리를 받아야 합니다. 100dB을 초과하는 소음(자동차 경적이나 굴착기 소음 수준)에는 최대 2분 이상 노출되지 않는 것이 중요합니다. 120dB의 소음(F1 레이스 소음 수준)은 말 그대로 한계점으로, 그 이상부터는 귀가 고통을 느낍니다. 참고로 절제된 음색을 가진 사람의 목소리는 45dB 정도입니다.

장난감 업계의 목표는
아이들을 이롭게 하는 게 아니라 아이들에게 물건을 파는 것

자칭 '교육용' 전자 장난감을 생산 판매하는 업계의 목적은 아이들을 교육하거나 일깨우거나 학습 능력을 발달시키는 것이 아닙니다. 정말입니다. 그렇다면 그들의 진짜 목적은 뭘까요? 아이들을 즐겁게 하는 데 있습니다.

이 둘은 전혀 다릅니다. 포장 상자에 '교육용'이라는 용어를 삽입하는 것만으로도 판매량이 상승합니다. 나무로 된 아이용 의자를 하나 구해다 등받이나 팔걸이에 '교육용'이라는 문구를 넣어보세요. 예상컨대, 매상이 껑충 뛰고도 남을 것입니다. 거기에 '몬테소리'라는 문구까지 넣는다면 당신은 행복한 비명을 지르게 될 것입니다.

단순한 기계음을 내는 장난감도 경계하세요

전자 실로폰, 누르면 휘파람 소리가 나는 공, 쉴 새 없이 신나는 음악이 흘러나오는 뮤직 박스.

겉으로는 무해해 보이지만 모두 아이들의 청력을 손상시킬 수 있는 장난감들입니다. 어떤 장난감의 위험 여부를 확실하게 알고 싶다면 귀 바로 옆에 대고 소리를 들어보세요. 불편함이 느껴진다면 바로 치워야 합니다.

심리학자이자 놀이 전문가인 캐시 허쉬-파섹은 전자 장난감은 아이에게 유해하니 공이나 종이 상자 등을 자유롭게 가지고 놀게 하라고 권장합니다. 장난감이 아이를 지배하는 게 아니라 아이가 장난감을 지배해야 한다고도 강조합니다.

결론

　정리하건대, 전자 장난감은 우리 아이의 성장 발달에 좋은 영향을 주지 못합니다. 가장 좋은 건 전자 장난감을 가지고 놀지 않는 것이지만 그럼에도 아이에게 전자 장난감을 사주고 싶다면, 그중에서도 가장 소리가 작은 걸 사주길 권합니다. 사용 시간은 하루 5~10분 이내가 적당하며, 낮잠 전에는 가능하면 사용을 피해주세요.

12

아이가 놀 때 한자리에 앉아서 놀게 하는 것이 좋을까요?

찬성 > 아이를 최대한 집중시키고 의자에 앉아 있는 데 익숙해 지게 하려면 놀이하는 동안 한 자리에 앉아 있게 하는 것이 중요합니다. 나중에 학교에 가서도 적응하기 편하고요.

반대 > 어린아이들은 몸에 비해 머리가 커서 한자리에 오랫동안 앉아 있는 자세가 그다지 이롭지 않아요. 아이 입장에선 힘들 거예요.

저자의 생각 > 반대에 가깝습니다. 아이는 성인과 달리 몸에서 머리 크기가 차지하는 비율이 커서 오랫동안 한자리에 앉아 있을 경우 불편함을 느낍니다. 아이가 원할 때 자유롭게 일어설 수 있게 해줘야 합니다.

상황

따뜻한 봄이 왔습니다. 앙투안이 의자에 앉아 커다란 꽃
스티커를 붙이고 있습니다. 그런데 엄마 눈에는 앙투안
이 불편해하는 모습이 보입니다. 자리에 앉은 지 얼마 되
지 않은 거 같은데 몸을 배배 꼬고 다리는 떨고 있네요.
스티커 붙이는 놀이는 재미있어 보이는데 집중력은 떨어
지고 있나 봅니다. 엄마는 갈등합니다. 다리를 떨지 못하
게 해야 할지, 잠시 놀이를 멈추고 자리에서 일어나게 해
야 할지를요.

 엄마의 생각

아이가 열정적으로 놀이에 참여하고 집중하게 하려면 한
자리에 오래 앉아 있게 하는 게 중요해요. 책상 앞에 앉
아 있는 자세는 차분하고 침착한 활동을 하는 데 도움을
주거든요. 게다가 아이가 한자리에 앉는 습관을 들이는
것은 중요해요. 학교에서는 매일 몇 시간씩 자리에 앉아
있어야 하니까요. 미리 연습하는 차원에서라도 자리를
지키는 건 중요하다고 생각해요.

 아이의 생각

등을 꼿꼿이 펴고 고개를 똑바로 드는 건 어려운 일이에
요. 왜냐면 제 머리는 크고 무겁거든요. 마치 엄마가 제
머리 위에 무거운 바구니를 올려놓은 것 같아요. 이렇게

무거운 걸 얹고 책상에 오랫동안 앉아 노는 건 정말 어려워요. 그래놓고는 제가 자리에서 일어나 폴짝폴짝 뛰면 엄마는 저를 나무라죠. "뛰지 마. 그러다 넘어져." 하지만 사실은 정반대예요. 저는 넘어지지 않으려고 뛰는 거라고요.

🔓 한자리에 오래 앉아 있지 않아도 되는 이유는 무엇인가요?

아이들은 신체 구조상 머리가 차지하는 비율이 큽니다. 출생 시 아이의 두개골은 어른의 61% 정도에 달하는데, 비율만으로 봤을 때 매우 크다고 할 수 있습니다. 신생아의 머리는 흉곽만큼 큽니다. 성인의 경우 머리가 몸 전체의 1/8 정도를 차지하는 데 반해 아이의 머리는 몸의 1/4 정도를 차지하죠. 이렇듯 아이의 머리가 큰 이유는 뇌의 성장 속도가 빠르기 때문입니다.

위대한 자연께서는 작은 인간 아이가 운동선수의 몸을 가졌을 때보다 똑똑한 뇌를 가졌을 때 살아남을 확률이 더 크다고 판단한 모양입니다. 그랬으니 아이의 뇌가 몸의 나머지 부분보다 더 빨리 발달했겠죠. 시간이 흐르면서 키가 서너 배 정도 커지는 동안 머리는 그다지 커지지 않습니다. 하지만 중력의 법칙을 피해 가지는 못하지요. '커다란 머리'는 곧 '무거운 머리'이고, 결론적으로 어린아이들은 이 무거운 머리로 인해 고통을 받게 됩니다.

이런 반(反) 인체공학적 자세는 피로감과 불편함을 줍니다. 앉은 자세에서 아이는 머리가 흔들리지 않도록 계속해서 신경을 써야 합니다. 나이가 어릴수록 몸에 비해 머리가 크기 때문에 더 많은 신경을 써야 하죠. 균형 잡기 놀이는 아이의 등을 자극합니다. 여름에 아이가 상의를 벗었을 때 앉은 자세에서 등이 수축되는 것을 볼 수 있을 겁니다. 이러한 신체적 작용은 아이의 집중력과 활동력을 제한하며, 식욕을 저해할 수도 있습니다.

움직임은 아이의 학습력을 키워줍니다. 아이들은 끊임없이 움직입니다. 마치 그렇게 만들어진 게 아닌가 의심스러울 정도로 가만히 있지 않습니다. 어디 그뿐인가요. 입도 하루 종일 멈추지 않습니다. 사실 아이들의 학습은 이런 끊임없는 움직임 속에서 이루어진다고 볼 수 있습니다. 2014년, 북미의 한 연구진들이 만 7~9세 초등학생 300명을 대상으로 실험을 실시했습니다. 이를 통해 '입식 책상을 사용한 초등학생들의 집중력이 좌식 책상을 사용한 아이들보다 12% 높다'라는 사실을 밝혀냈습니다.[28]

2016년, 고등학생 34명을 대상으로 한 연구에서는 서 있는 자세가 인지 능력을 키우는 데 얼마나 도움이 되는지를 평가했습니다.[29] 연구진들은 특히 서 있는 자세가 집행 기능(계획하고, 억제하고, 조직하고, 전략을 세우고, 시간을 관리하는 활동을 가능하게 하는 고등 인지 과정)에 미치는 영향에 주목했습니다. 연구진은 서 있는 학생들의 이마에 바이오센서를 부착해(집행 기능을 관장하는 것이 뇌의 전두엽이기 때문이죠.) 뇌의 활동 변화를 측정했습니다. 그런 다음 간단한 테스트를 진행했습니다. 그 결과 '입식 책상'의 지속적인 사용과 고등학생들의 작업 기억 능력, 그리고 집행 기능에 연관성이 있다는 사실을 밝혀냈습니다. 아이를 굳이 한자리에 오래 앉아 있게 해야 할 이유가 없다는 이유로 충분하지요?

이렇게 해보아요

- 유아용 의자는 치워주세요. 가능하면 다른 의자도 없는 게 좋습니다.
- 아이가 마음껏 뛰어다닐 수 있는 공간을 마련해주세요. 바닥에 담요를 까는 것보다는 맨발로 뛰어놀 수 있게 해주는 것이 더 좋아요. 담요는 미끄러워서 넘어지기 쉽습니다. 위험한 요소는 사전에 차단하는 것이 좋습니다.
- 활동 중일 때는 자유롭게 자리에서 일어서고 이동할 수 있도록 해주세요.
- 의자에 앉아야 하는 상황이라면 발이 바닥에 닿을 수 있게 해주세요.
- 평소 책상에서 하던 그림 그리기나 지점토 만들기, 스티커 붙이기도 바닥에서 할 수 있도록 해주세요. 책상을 고집할 이유가 전혀 없습니다.

흔히 생각하는 것과 달리 앉은 자세는 아이의 놀이 활동에 이상적이지 않습니다. 책상에 얌전히 앉아 그림을 그리는 아이의 모습은 사실 어른의 욕구에 더 부합하는 이미지죠. 물론 학교에서는 오랜 시간 한자리에 앉아 있어야 합니다. 하지만 지금 당장 학교에 갈 건 아니잖아요? 적응할 시간은 충분합니다. 아이가 어린시절을 좀 더 즐기도록 해주고, 자리에서 일어나 맘껏 움직일 수 있게 해주세요. 엄마를 위해 커다란 꽃 스티커를 붙일 때도 말이지요.

13

지저분하게 노는 아이를
내버려둬도 괜찮을까요?

찬성 > '베이비 디올' 티셔츠를 입었을지언정 아이는 다양한 재료를 마음껏 주무르며 놀 수 있어야 합니다. 아이들은 사회가 세워놓은 청결의 기준이나 규율 따위는 신경 쓰지 않아요.

반대 > 몸 여기저기, 옷 여기저기가 얼룩과 진흙으로 가득한 모습이라뇨. 절대 허락할 수 없어요. 그 안에 숨어 있을 해로운 물질을 생각만 해도 머리가 아프네요.

저자의 생각 > 찬성입니다. 어느 정도 합리적인 범위 내에서요. 아이의 몸이 온통 진흙으로 뒤덮이는 정도는 아니라는 말입니다. 이번에도 역시 부모의 생각이 아닌 아이의 욕구가 우선되어야 하고요.

상황

놀이터에 나온 엠린이 요새를 만들려는 듯 야무진 표정으로 벤치 위에 작은 돌을 올립니다. 그 옆에선 엘리아가 마치 어디까지 내려갈 수 있는지를 확인하려는 듯 흙을 파내고 있네요. 한 주먹 한 주먹 땅을 파내려 가다 보니 엘리아의 손이 어느새 흙으로 가득합니다. 눈에 띄게 어두워지는 엄마의 표정과 달리 아이의 표정은 즐거움 그 자체입니다. 보다 못한 엄마가 결국 소리칩니다. "엘리아, 지금 뭐하는 거니? 온몸이 더러워졌잖아. 빨리 씻으러 가자."

 엄마의 생각

저는 아이가 흙을 가지고 놀거나 그로 인해 지저분해지는 것이 싫어요. 우선 청결하지 않잖아요. 그런데 그 더러운 손을 입으로 가져가는 경우가 있어요. 위생적이지 않은, 아니 놀라운 일이죠. 병에 걸릴 수도 있다는 건 생각하지 않나 봐요.

 아이의 생각

저는 궁금한 것은 만져보고 싶어요. 이건 좋고 싫고의 문제가 아니라 필요의 문제예요. 그렇게 저는 세상을 조금씩 더 알아가거든요. 이건 제 마음대로 되는 게 아니에요. 제 생각에 흙이랑 먼지랑 비둘기 똥을 가지고 노는 거랑

집 안에 있는 장난감 자동차를 가지고 노는 건 똑같아요. '더러운' 것과 '더럽지 않은 것'을 구분하기에 저는 아직 어려워요. 엄마가 풀 속에 있는 작은 개미들을 내버려두라고 할 때 엄마가 막는 건 제가 아니라 조금씩 커지고 있는 제 지능이에요. 제 옷이 아니라 저에게 신경 써주셨으면 좋겠어요.

🔓 아이가 진흙이나 먼지, 모래로 옷을 더럽혀도 괜찮은 이유가 뭐죠?

아이는 지금 다양한 경험을 하고 있는 중입니다. 과도한 제한 없이 자유롭게 주변을 탐색하면 할수록 아이는 자신을 둘러싼 세계에 관한 지식을 강화해갈 수 있습니다. 자연 속에서 정형화되지 않은 것들을 가지고 노는 것은 아이들의 창의력과 상상력 향상에도 도움이 됩니다.

자연의 재료를 가지고 노는 것은 심리학적으로도 이롭습니다. 수많은 연구들이 자연과 아이의 정서 상태를 연관시켜 말하고 있습니다. 맞아요, 손으로 진흙을 만지며 노는 건 아이들에게 정말로 좋답니다. 자연을 가까이하고, 자연이 주는 공간을 자주 드나들면 집중력은 물론 자존감과 사회성, 그리고 감각까지 모두 높아질 것입니다.

세균에 노출되는 것이 꼭 나쁜 것만은 아닙니다. 오히려 면역 체계를 강화하기도 합니다. 아이가 마른 개똥을 집어먹거나 쓰레기 통에서 이상한 물건을 주워 핥는 것만 아니라면 나무나 흙, 동물과의 접촉은 허락하라고 권하고 싶습니다. 이 과정에서 아이 몸은 항체를 만들어내고 면역 체계를 강화해 갑니다. 2017년에 행해진 한 연구에 의하면[30] 농장에서 성장하며 각종 물질과 동물에 노출된 아이들이 천식과 알레르기를 앓을 위험이 훨씬 낮았다고 합니다. 2012년 핀란드의 연구도[31] 반려견과 주기적으로 접촉한 아기들이 귓병에 덜 걸리며, 기침이나 비염 같은 호흡기 질환을 덜 겪는다는 사실을 확인했습니다.

아이를 지키려고 할수록 아이를 아프게 만드는 역설

소아과 전문의이자 《건강을 위한다면 아이들을 지저분하게 내버려두세요》의 저자 피에르 포포우스키 박사에 따르면, 의학 기술의 발전과 위생 관념의 진보로 사람들이 감염성 질병에 걸릴 위험은 줄어든 반면 알레르기를 비롯한 피부병, 당뇨, 비만, 만성염증 장 질환, 천식과 같은 질병은 오히려 증가했다고 합니다. 그러면서 그는 깨끗한 것을 강조하는 환경이 아이들의 면역 체계가 발달하는 것을 막는다는 주장에 일리가 있다고 덧붙였습니다.

🧪🧪🧪 결론

　　이제 당신은 아이가 자연이 준 선물을 가지고 놀며 몸과 옷이 조금 지저분해져도 불편해하거나 초조해하지 말아야 한다는 사실을 이해했을 것입니다. 그것이 아이의 학습력과 건강에 미치는 영향에 대해서도 알게 되었을 것입니다. 그러니 아이가 더욱 자유롭게 탐색 활동을 하도록 허락해주세요. 아이의 탐색 욕구를 위생 규칙이 가로 막게 두지 마세요. 아이가 자유롭게 탐색하고, 때때로 몸과 옷을 지저 분하게 만들도록 내버려두세요.

14

아이가 의자나 선반에
올라가게 놔둬도 되나요?

찬성 > 우리는 아이를 믿어야 합니다. 어른의 기준으로 아이의 탐색 활동을 막아서는 안 됩니다. 가구 위에 스스로 올라갔다면 혼자서 내려오는 것도 가능하겠죠.

반대 > 무슨 소리세요? 당연히 안 되죠. 가구는 장난감을 올려두고, 의자는 엉덩이를 붙이고, 미끄럼틀은 계단으로 올라가라고 만들어진 거예요. 미성숙한 작은 아이가 가구 위에 아무렇게나 올라가게 두면 끔찍한 일이 생기고 말 거라고요. 생각만 해도 끔찍하네요.

저자의 생각 > 합리적인 범위 내에서는 찬성입니다. 아이가 의자 팔걸이 위에서 물구나무를 서게 두라는 것도, 엄마 배 위에서 맘껏 뛰게 하라는 것도 아닙니다. 반복하건대, 언제나 가장 우선되어야 할 것은 아이의 안전입니다. 만약 아이의 활동이 자기 자신과 다른 가족에게 위험이 된다면 막아야 합니다. 하지만 그렇지 않은 상황이라면 침착하게 지켜보면서 아이를 믿어보세요.

 상황

생후 18개월 된 소니아가 방 안을 휘젓고 있습니다. 그런 소니아의 눈에 오렌지색 의자가 들어옵니다. 순간 뇌가 이렇게 소리칩니다. "우와, 소니아. 저 앞에 매우 푹신푹신해 보이는 의자가 있네. 저게 뭔지 빨리 가서 살펴봐. 아니, 잠깐만… 저기 받침대도 있잖아? 파티다, 파티! 빨리 위로 올라가."

뇌의 명령을 들은 소니아는 순식간에 의자 앞으로 가 두 팔과 다리의 힘을 써서 의자 위로 올라가는 데 성공합니다. 의자 위에 올라서니 산 정상을 등반한 듯한 만족감이 느껴집니다. 소니아는 도전했고, 장애물을 뛰어넘었고, 운동 능력을 동원한 덕에 아래서는 볼 수 없던 방 전체의 전망을 보게 되었습니다. 얼마나 큰 기쁨인지요.

바로 그때, 이제야 소니아의 모습을 목격한 엄마가 소리칩니다. "어머! 소니아, 위험해! 그러다 넘어지면 어쩌려고. 빨리 내려오지 못하겠니?"

엄마의 생각

조금만 주의를 덜 기울여도 아이들은 스스로를 위험에 빠트리지요. 각자 자신에게 맞는 가구가 있다고 생각해요. 아이에게는 미안하지만 의자는 어른을 위한 물건이에요. 탁자나 선반 역시 아이들이 올라가라고 만들어진 물건이 아니고요. 백 번 양보해서 탁자나 의자에 올라가도록 허락한다고 해보죠. 아이가 떨어져서 다치거나 어디 한 군데가 부러지기라도 하면 그땐 어쩌죠? 이건 가치와 교육의 문제이기도 합니다. 우리는 아이에게 사물을 관습에 맞게 사용하는 법을 가르쳐야 해요. 그렇지 않으면 나중에 학교에 가서 어떻게 되겠어요? 제멋대로 행동하게 뇌둘 순 없잖아요.

아이의 생각

놀고 있을 때 저의 뇌는 흥분 상태에 있어요. 방 안 가득 색색의 가구와 장난감들이 가득한데 어떻게 자극 받지 않을 수 있겠어요? 뛰어오르거나 기어오르고 몸을 끼워 넣을 수 있는 곳이라면 어디든 들어가 보고 싶어요. 엄마는 그러지 말라고 하는데 그건 제 마음대로 되는 게 아니에요. 맛있는 과자와 사탕으로 방을 가득 채워놓고 아무것도 만지지 말고 먹지 말라고 하는 것과 같은 거죠. 그건 정말 어려운 일이라고요.

🔓 아이가 자유롭게 탐색 활동을 하도록 내버려둬야 하는 이유는 무엇인가요?

아이들은 어느 정도 위험한 행동을 할 필요가 있습니다. 위험한 행동이 단점만 있는 것은 아니라는 말입니다. 이런 경험을 통해 아이는 자신의 한계를 시험하고, 역량을 끌어내고, 스스로에 대한 믿음을 키우고, 균형 감각과 정신력을 기를 수 있게 되죠. 오히려 이런 행동을 거의 해보지 않고 자란 아이들은 덜 능숙하고 자신감과 도전 정신이 낮습니다. 위험에 도전해보지 않았으니 말이죠. 결론적으로, 넘어지는 것으로부터 아이를 보호하려고 하면 할수록 아이가 넘어질 확률은 더 커집니다.

강도 높은 신체 활동은 아이들의 집중력과 자기 통제력을 향상시킵니다. 2015년 학술지 《아동 신경심리학》에 발표된 한 연구는[32] 활동량이 많은 아이일수록 인지 능력도 뛰어나다는 사실을 증명했습니다. 아이가 마음껏 몸을 움직이도록 내버려두는 것이 흥분을 줄여주고 아이를 더욱 편안하게 만들어준다고 합니다.

아이의 뇌는 받침대 위로 뛰어오르고, 푹신한 곳에서 방방 뛰고(소파 만세!), 선반과 장애물 위를 기어오르고, 미끄럼틀을 타고 오르도록 설계되어 있습니다. 마치 우리가 원하지 않는 모든 것을 하라고 누군가 아이에게 행동을 명령하고 있는 것이 아닌지 의심스러울 정도입니다. 이처럼 아이는 사물의 사용법이 아닌 물리적 특성(푹신한지,

단단한지, 큰지, 작은지, 받침대를 포함하고 있는지, 부드러운지 거친지 등)에 따라 사물을 탐색하는 경향을 보입니다.

연구진은 아이가 단단한 사물을 내리치고(이른 아침부터 나무 큐브로 라디에이터를 내리치는 리암), 푹신한 사물을 문지르고(쿠션이나 베개), 부드러운 사물을 쓰다듬고(솜으로 된 인형), 층계 구조(계단, 울타리, 한발 내디딜 때마다 아슬아슬한 멋진 선반)나 받침대(작은 탁자나 의자)를 포함한 사물 위를 오르는 경향을 보인다고 강조합니다. 아이는 아무 곳이나 올라가길 '좋아하는' 게 아니라 그럴 '필요'를 느낀다는 것입니다. 아이의 뇌는 이처럼 자동적이고 통제 불가능한 방식으로 여러 행동을 명령합니다. 다시 말해, 우리가 어떤 규칙을 세우든 달라지는 것은 없다는 말이죠.

반복하건대, 우리는 내 아이의 억제 능력이 그리 뛰어나지 않다는 사실을 잘 알고 있습니다. 아이의 전두엽이 아직 미성숙한 상태이기 때문입니다. 억제 능력은 유아기와 청소년기를 거치며 점점 높아지다가 만 25~30세 무렵에 성숙됩니다. 정말 늦죠. 그러니 "탁자 위에는 올라가는 거 아니야" 혹은 "미끄럼틀을 거꾸로 타고 올라가는 건 위험한 일이야"와 같은 말을 수없이 되풀이한대도 아이가 그런 행동을 그만두게 만드는 데는 별 소용이 없습니다. 뇌가 탁자 위에 올라가라고 명령할 때 그것을 하지 않고 '안 돼. 엄마가 탁자 위에 올라가는 건 싫어해. 얌전히 의자에 앉아 구구단이나 외워야지'라고 생각할 만큼의 충분한 자기 통제력이 있는 아이는 없으니까요.

아이에게 자유를 주고 금지 사항을 남발하지 않아도 된다는 것은 당신이 아이에게 매일 "탁자 위에 올라가지 마", "의자에서 내려와", "미끄럼틀 거꾸로 올라가지 마"라는 말을 하지 않아도 된다는 말과 같습니다. 당신에게도 좋고 아이에게도 좋은 일이죠. 서로 시달리지 않아도 되니까요.

어떻게 하면 될까요?

- 아이가 만약 어떤 가구 위에 올라갔을 때 그것이 위험하다고 생각된다면 그 가구를 치워버리세요. 아이가 볼 수 있는 곳에 그것을 내버려둘 것이라면 아이가 필요로 할 때마다 그 위로 올라가는 것도 받아들여야 합니다.
- 가구에 올라선 아이로 인해 안정제가 생각날 만큼 불안하더라도 일단 지켜보면서 아이를 믿어주세요.
- 아이에게 "거기서 내려와. 그러다 넘어져"와 같은 끔찍한 말 대신 긍정적인 말을 해주세요. "계속해. 좋아, 엄마가 지켜보고 있어. 엄마는 너를 믿어. 할 수 있어." 듣는 것만으로 기분이 좋아지지 않나요?
- 아이가 있는 공간의 안전에 신경 써주세요. 그럼 조금이나마 불안이 덜어질 테니까요.

아이를 향한 금지 사항에 질문 던져보기

- 나는 왜 아이에게 이것을 금지해야 하는가? 진짜로 위험한가, 아니면 단순히 위험해 보이는 행동인가? 혹시 그 행위가 내가 가진 교육적 가치와 부합하지 않아서 금지하고 싶은 건 아닌가?
- 아이에게 무언가를 금지하는 것이 아이의 안전을 위한 것인가? 아니면 나의 욕구(안심, 통제, 관습의 존중)를 채우기 위한 것인가?

🧪🧪🧪 결론

아이에게 더 많은 자유를 주어야 합니다. 우리는 지금 안전에 과도하게 집착하고 있습니다. 위험하지 않은 것마저 위험하다 느끼도록 만들고 있습니다. 이는 아이들을 돕는 것이 아닙니다. 모든 것을 허용하고 아무런 제한도 두지 말라는 뜻이 아닙니다. 아이를 향한 금지 사항에 질문을 던져보고, 무엇보다 아이를 믿는 법을 배우라는 의미입니다. 당신은 할 수 있습니다.

15

벽에 그림을
잔뜩 걸어둬도 되나요?

찬성 > 아이가 성장하는 공간은 알록달록하고 항상 축제 같은 분위기여야 한다고 생각해요.

반대 > 꼭 그럴 필요는 없다고 생각합니다. 아이가 있는 집은 이미 그림을 비롯해 여러 장식물로 가득한 걸요. 벽을 그대로 둔다고 큰일 나요?

저자의 생각 > 반대에 가깝습니다. 모든 건 정도의 문제입니다. 고심하여 고른 효율적인 장식은 아이가 활동하는 공간의 분위기를 좋게 만들어줄 수도 있지만 과할 경우 오히려 역효과를 불러올 수 있습니다. 뭐든 과한 것은 모자람만 못합니다.

레오의 집 벽은 형형색색의 그림과 포스터로 가득합니다. 레오네 집에 와본 적 없는 사람이 발을 들이는 날엔 어떻게 해야 할지 모를 정도지요. 레오의 엄마는 이게 다 레오를 위한 것이라고 생각합니다. 레오를 위한 그림이고, 레오를 위한 정보니까요. 무엇 하나 덜어내거나 뗄 것이 없는데 집에 오는 사람들이 한결같이 정신없다고 하니 난감할 따름입니다.

 엄마의 생각

아이가 성장하는 모든 공간은 다양한 색과 책에서 볼 수 있는 귀여운 동물, 캐릭터로 채워지는 게 좋다고 생각해요. 아이가 있는 곳은 항상 생동감이 넘치고, 창조적이고, 열정적이어야 하거든요. 이런 요소들은 아이에게 자극을 줄 뿐만 아니라 나중에 다시 오고 싶게 만들어주기도 합니다. 솔직히 다들 밝고 화려한 환경을 좋아하지 않나요? 이런 다양하고 화려한 색들은 육아로 소진된 제 에너지도 충전시켜 준다고요.

 아이의 생각

저는 태어날 때부터 대조가 강한 색들에 본능적으로 끌리고 동물이나 캐릭터 그림을 좋아하죠. 종종 그림이 아닌 진짜 동물이랑 사람 사진이 더 좋을 때도 있어요. 하지만 이건 너무 과해요. 그림도 많고 포스터도 많고, 정신이 없어서 눈을 어디다 둬야 할지 모르겠어요. 어른들은 왜 여기저기 그렇게 많은 색들을 두려고 하는 거죠? 이게 정말 저를 위한 건가요?

벽에 너무 많은 그림을 걸지 말아야 하는 이유는 무엇인가요?

과도한 장식은 아이에게 시각적 정보를 마구 퍼붓는 것과 같습니다. 어린이집이나 학교를 '시각적 폭격'[33] 또는 '이미지의 불협화음'[34]이라고 표현하는 학자도 있습니다. 그만큼 아이에게 자극적인 요소들로 가득 차 있다는 의미죠. 온갖 화려한 그림과 포스터로 둘러싸인 집도 마찬가지입니다. 대부분의 경우 벽에 걸린 그림들은 해가 바뀌면서 바뀌거나 오래된 것은 새것으로 교체됩니다. 다시 말해 이들 그림 사이에는 조화나 일관성이 없습니다. 이렇게 다양한 이미지와 그림, 색깔은 우리 아이의 시각 체계, 나아가 뇌를 과도하게 자극합니다. 아이는 선택의 여지없이 이 모든 정보들을 다뤄야 하고요. 아이가 힘들지 않을 수 없겠죠?

나이가 어릴수록 자극에 대처하는 능력도 떨어집니다. 다양한 자극, 이를테면 주변을 가득 채운 그림이나 누군가가 쉬지 않고 울어대는 상황에서 중요한 것을 걸러내는 능력은 억제력이 발달하면서 자연스럽게 길러집니다. 어떤 특정 자극에 대한 집중력을 유지하기 위해서는 주어진 감각적 정보를 거르는 능력이 필요합니다. 더 정확하게 말하자면, 더 중요한 것을 위해 덜 중요한 것을 억제하는 능력입니다. "미안해, 내 방에 들어온 소중한 날파리야. 하지만 난 지금 너한테 신경 쓸 여력이 없어. 여섯 시까지 스티커 작품을 완성해서 아빠께 보여드려야 하거든."

지나친 시각적 자극은 아이의 집중력을 감소시킬 수 있습니다. 2014년, 카네기멜론대학의 연구진들은 과도하게 장식된 방이 만 5세 아동에게 있어 모든 학습의 기초가 되는 인지 능력인 집중력을 방해한다는 사실을 밝혀냈습니다.[35] 다시 한번 강조하건대, 과도한 장식은 아이의 주의를 자극하는 것을 넘어 시선을 붙잡거나 혼란스럽게 만들어 오히려 주의력을 떨어트립니다. 여기서 또 하나 주목해야 할 것은 이 실험이 만 5세의 어느 정도 '큰' 아이들을 대상으로 이루어졌다는 사실입니다. 만 5세 아동에게도 어려운 일이라면 그보다 더 어린 만 2~3세 아이들에게 미치는 영향은 말하지 않아도 되겠지요?

정말 아이들을 위한 공간인가요?

- 아이가 그린 그림을 벽에 거는 것이 아이의 작품에 가치를 부여하는 일이라고 생각하지요? 그런데 왜 아이는 볼 수 없는 높은 곳에 걸어놓는 거죠? 그렇게 하면 그림을 거는 이유가 없지 않나요?

- '알록달록한 장소는 더 활기차고 정다워 보인다.' 아마 당신도 이런 생각을 가지고 있고, 아이의 세상은 수많은 색과 장식에 의해 지배된다고 생각할 것입니다. 그렇다면 이런 환경이 정말로 아이를 위한 것일까요? 아니면 어른들의 추측에 의한 것일까요? 자문해보기 바랍니다.

- 종종 픽토그램과 같은 그림문자로 생활 규칙을 설명하기도 합니다. 탁자 위에 올라가면 안 된다거나 쿵쾅거리며 걸으면 안 된다는 것을 알려주는 거죠. 이런 식으로 벽을 거대한 알림장처럼 쓰다 보면 결국 벽은 온갖 것들로 채워질 것입니다. 과한 정보는 오히려 정보의 전달을 저해한다는 사실을 잊지 마세요.

그림을 걸기 전 스스로에게 질문해보기

- 이 그림을 걸고 싶은 이유는 무엇인가? 아이를 위한 것인가, 아니면 어른들을 위한 것인가?

- 이것이 정말 아이에게 어떤 가치와 효용을 부여하는가? 그렇다면 그게 정확히 무엇인가?

- 이걸 정말로 걸 생각이라면 어떤 것을 치우고 걸 것인가? 아니면 치울 것이 있는가?

- 아이가 유치원이나 어린이집에서 만들어온 모든 작품을 기계적으로 집 안에 걸지 마세요. 당신 눈에는 그것이 칸딘스키의 작품만큼 흥미로워 보일지라도 말입니다.

- 혹 걸더라도 그것을 보며 평가하지 마세요 ("튤립 주변에 스티커를 아주 잘 배치했네. 나중에 커서 제 아빠처럼 공학도가 되겠어.").

- 요란하고 과한 원색이 많이 들어간 작품도 피하세요. 눈과 정신 모두 피로하게 합니다.

- 어른 눈높이에 맞춰 걸지 마세요. 대신 아이 눈높이에 맞춰 커다란 스티커를 붙일 수 있게 해주는 건 어떨까요? 이렇게 하면 아이의 공간이 더욱 다채로워질 것입니다. 아이도 자신의 작품에 더 관심을 가질 테고요.

- 모든 벽에 색이 들어갈 필요는 없습니다. 흰 벽이 가장 좋습니다. 색은 특정한 공간이나 놀이 구역을 한정할 때 사용하세요. 그림과 마찬가지로 색깔도 기능을 가져야 합니다.

- 때로는 아름다운 사진도 그림과 같은 가치를 지닙니다. 놀랍게도 아이들은 아주 어렸을 때부터 미소 띤 얼굴을 좋아합니다. 아이 눈높이에 맞춰 미소 짓는 얼굴 사진 한두 장을 걸어두는 건 어떨까요?

- 새로운 것을 걸 때마다 찬찬히 아이의 반응을 살피세요. 아이가

그것을 바라보는지, 전혀 관심을 보이지 않는지 말입니다. 마치 아이가 자신이 싫어하는 연근 요리를 보듯 새로운 그림을 본다면 그걸 거는 걸 다시 생각해보세요. 아이의 눈은 거짓말을 하지 않으니까요.

• 초록 식물로 공간을 꾸며보는 것도 방법입니다. 많은 학자들이 초록이 주는 집중력, 생산성, 평정심을 강조합니다. 아이에게 식물을 돌보는 방법을 가르칠 좋은 기회이기도 하고요. 생각만 해도 편안해지지 않나요?

• 아이 머리에 닿을 수 있는 자질구레한 소품을 천장에 달지 마세요. 이런 장식들은 바닥에 등을 대고 누웠을 때나 보일 뿐입니다. 다시 말해 거의 눈에 띄지 않는다는 거죠.

오랜 논란의 색깔, 빨강

빨간색은 모순적인 연구 결과와 함께 오랫동안 많은 논란의 중심에 섰던 색입니다. 한 연구에 의하면 빨간색은 고도의 주의력을 요하는 작업에 임한 아이들의 인지 능력을 감소시키는 효과가 있다고 합니다. 실제로 1908년에 개발된 여키스-도슨 법칙에 따르면[36] 빨간색은 파장이 길고 각성 수준이 높은 색으로 그것을 보는 사람의 스트레스를 높이고 감정적으로 흥분시켜 복잡한 작업에 대한 성과를 낮춘다고 합니다.

이와 반대로 빨간색이 경쟁 심리를 자극해 속도를 높이거나 성과를 증대시킨다고 말하는 학자들도 있습니다.[37] 어떤 연구진은 이러한 효과가 빨간색이 가진 물리적 특성이 아닌 색이 가진 상징성에 기인한다고 말합니다. 성인에게 빨간색은 피, 위험, 사랑, 열정을 상징하는 반면 아동에게는 위험과 금지를 상징합니다. "네, 그런데 그게 우리 아이들과 무슨 상관이죠?"라고 묻고 싶을 것입니다.

2009년에 행해진 한 연구는[38] 빨간색과 관련한 상징이 아주 이른 시기, 그러니까 만 1세 때 이미 나타난다는 사실을 증명했습니다. 과학자들에 따르면 아이들은 본능적으로 빨간색 사물에 이끌립니다. 다시 말해 빨간색을 선호한다는 뜻입니다. 이에 연구진들은 상황에 변화를 주었습니다. 그 결과 아이들은 즐거운 표정에 노출되었을 때 빨간색 사물을 선택하는 경향을 보였으며, 반대로 화가 난 표정에 노출되었을 때는 마치 그것이 금지 물품이거나 위험하기라도 하다는 듯 빨간색 사물을 우선적으로 선택하지 않았다고 합니다.

연구 결과는 빨간색과 관련한 일부 상징이 아이에게 매우 이른 시기부터 나타난다는 사실과 그것이 나중의 여러 경험과 연상 작용을 통해 강화될 수 있다는 사실을 강조합니다.

안정감을 주는 파란색과 분홍색

빨간색과 달리 파란색과 분홍색은 진정 효과를 주는 색입니다. 미시시피대학의 연구진들은 푸른색 조명에 노출될수록 피부의 전기전도율(느낀 감정의 강도를 나타냄)을 비롯해 혈압과 심장 박동, 호흡, 눈 깜박임 횟수가 줄어든다는 사실을 밝혀냈습니다. 또한 이들은 보충 연구를 통해 분홍색이 긴장을 완화한다는 사실도 밝혀냈습니다.

결론

생동감과 에너지가 넘치는('지나치게 흥분한'이라는 표현은 지양합니다.) 아이가 많은 시간을 보내는 공간을 색색의 그림들로 채우는 것을 막자는 의미가 아닙니다. 시각적 장식을 최소화하자는 뜻입니다. 각각의 그림이나 장식물이 정확한 기능을 가지도록 신경 쓰는 것이 중요합니다.

· 4장 ·

감정에 관하여

16

아이가 울 때 바로 안아줘도 되나요? 습관이 될까봐요

찬성 > 힘든 순간에 아이를 안아주는 것은 아이로 하여금 엄마를 신뢰하도록 만드는 행동입니다.

반대 > 분명 습관이 될 겁니다. 아이는 자신이 울 때마다 엄마가 바로 와서 안아줄 거라 생각하게 되겠죠.

저자의 생각 > 물론 찬성입니다. 아이가 울 때 안아주는 것은 아이의 욕구, 그중에서도 울음에 반응하는 것이고, 아이에게 엄마를 신뢰하게 만드는 일이자 애착 관계를 형성하는 일입니다. 엄마에게는 별거 아닌 일일 수 있어요. 하지만 아이에게는 매우 중요한 일입니다.

상황

돌쟁이 루이가 엄마를 보더니 갑자기 울음을 터트립니다. "으앙 으앙 으앙." 작은 뺨 위로 커다란 눈물이 방울져 내리네요. 엄마는 어떻게 해야 할지 망설입니다. 바로 안아주는 것이 맞지만 다른 한편 울 때마다 바로 안아주면 잘못된 습관이 들지 않을까 걱정입니다. '운다=안아준다=엄마 품에 안기기 위해서는 더 자주 울어야겠다'라는 악순환의 고리에 빠질 수도 있으니까요.

 엄마의 생각

아이가 울면 달려가서 품에 안아줘야겠다는 생각이 가장 먼저 들죠. 엄마라면 그게 당연하고요. 저는 제 아이가 울고 있는 걸 참을 수 없어요. 별거 아닌 일로 우는 게 아닌 걸 알거든요. 하지만 의문이 드는 것도 맞아요. 울 때마다 바로 품에 안고 울음에 반응해주면 아이가 제 품에 안기기 위해 더더욱 울게 되고, 그게 습관이 될 수도 있지 않을까 하는 의문이요.

 아이의 생각

제가 우는 건 제 선택이 아니에요. 원해서 우는 게 아니라 제 뇌가 그걸 필요로 하는 거라고요. 저도 우는 게 괴롭고, 눈물을 흘리기보다는 웃는 게 더 좋아요. 그러니 제가 엄마를 신뢰할 수 있는 법을 가르쳐주세요. 제가 울 때 저를 안아주고 저를 안심시켜 주세요. 안심이 될수록 저는 덜 울 거예요. 그리고 걱정 마세요. 이것도 한때니까요. 엄마가 저를 안아줄 때마다 엄마는 저에게 작은 씨앗을 뿌려요. 때가 되어서 꽃이 자라나면 저는 제 날개로 스스로 날아오를 준비를 할 거니까요.

🔓 아이가 울 때 안아줘야 하는 이유는 무엇인가요?

아이를 다정하게 안아주면 옥시토신 분비가 자극됩니다. 최소 7억 년도 더 전에 나타난 이 호르몬은 스트레스를 받은 아이의 뇌에 소염제와 같은 작용을 합니다. 스트레스 호르몬이 분비되는 것을 낮출 뿐만 아니라 심장 박동과 호흡, 혈압도 낮춰줍니다. 즉 당신이 아이를 안아주는 건 우울증 치료제인 프로작 한 알을 아이에게 주는 것과 비슷해요. 물론 프로작보다는 훨씬 몸에 좋겠죠.

우는 아기를 달래는 것은 아이의 건강과 인성에 좋은 영향을 미칩니다. 2017년 미국 노트르담대학 심리학부 교수인 다르시아 나르바에즈가 실시한 연구에 따르면, 성장 과정에서 양육자가 충분히 안아준 아기는 정신적으로 더 건강하게 성장하여 사회에 잘 적응할 뿐만 아니라 상대적으로 그렇지 못한 아이에 비해 근심 걱정이 적은 경향을 보였다고 합니다. 나르바에즈는 이렇게 강조합니다. "모든 새끼 포유류에서와 마찬가지로 인간 아기는 어른 보호자에게서 멀리 떨어질수록 위험에 처했다고 느낍니다. 그에 대한 반응으로 아기의 뇌는 스트레스 호르몬인 코르티솔 분비를 증가시키죠."

어른과의 애착 관계 형성을 촉진합니다. 아기의 울음이 가진 기본적인 기능 중 하나는 서로의 몸이 가까워지게 만들고 애정을 촉진하여 둘 사이의 애착 관계가 형성되는 것을 돕는 것입니다. 어른이 아이를 품에 안았을 때 분비되는 옥시토신은 애착과 관련된 특정 보상회로와 애착의 신경생물학적 체계를 활성화시킵니다. 즉 아이는 어른을 자신의 곁으로 오게 만들기 위해 울도록 설계되어 있다는 것입니다. 반대로 어른은 아기가 울면 곁으로 가도록 만들어져 있고요. 진화를 거쳐 물려받은 본능적인 행동인 겁니다.

아이가 당신을 신뢰하게 만듭니다. 적절한 방식으로 울음에 대응한다면 당신은 아이가 그럴 가치가 있는 존재이며 아이에게 당신이 신뢰할 만한 사람이라는 사실을 증명할 수 있습니다. 그리고 아이는 안정적인 애착을 발달시킬 기회를 얻게 되죠. "나는 누군가의 보살핌을 받을 가치가 있어. 어른은 나를 도와줄 수 있고 내가 필요로 할 때 나를 안심시켜 줄 수 있어."

이것도 다 한때에 불과합니다. 조금 힘들겠지만 이것도 언젠가는 끝나게 마련입니다. 아이가 필요로 할 때마다 아이를 안아 눈을 마주칠수록 아이와 당신의 애착 관계는 더 돈독해집니다. 이보다 행복한 일은 없습니다.

아이가 당신에게 애착을 보이는 건 나중에 당신에게서 더욱 잘 분리되기 위함입니다. 기분 좋은 얘기죠? 그러니 걱정하지 마세요. 애착 관계를 연구한 학자들에 따르면 우는 아기에게 빠르고 적절한 대처를 해줄수록 아이가 더 자율적으로 자란다고 합니다. 당신이 우려한 것과 반대의 결과죠?

당신은 어렸을 때 충분한 애정을 받았나요?

어린 시절에 부모에게 학대를 받았거나 방치되었던 아이는 어른이 되어서 아기를 안아주거나 아기의 욕구에 대응하는 데 있어 상대적으로 어려움을 느낀다고 합니다. 척수액 속의 옥시토신 수치가 상대적으로 낮기 때문입니다. 반대로 부모의 충분한 돌봄을 받은 아이는 어른이 되어서도 옥시토신 수치가 매우 높고, 다른 아이들을 향해 애정 표현을 함에 있어서도 적극적이라고 합니다.[39]

아이는 왜 내려놓으면 울고 안으면 뚝 그칠까요?

그러게요, 참 신기한 일이지요. 그런데 당신 품에 안겨 있는 아기가 일련의 소프트웨어에 의해 조절되는 작은 컴퓨터라고 생각하면 이해하기 쉽습니다. 욕구가 제대로 충족되지 않을 때 아기의 뇌는 그것을 비상 사태라 인식합니다. 그리고 그것이 표출되는 방법이 바로 울음이지요. 아기는 스스로 눈물을 통제할 수 없습니다. 울음은 말 그대로 자율적인 '자율신경계'에 의해 좌우되기 때문이죠.

- **바닥에 아기를 내려놓을 때**
  1단계: 불안감을 감지하는 뇌
  2단계: 비상 사태 활성화
  3단계: 애착 체계 활성화(소리를 지르거나 울기 시작)
  4단계: 안심 욕구 충족을 위해 근처에 있는 어른을 찾음

- **아기를 품에 안았을 때**
  1단계: 뇌가 안정감을 느낌(휴~)
  2단계: (행복해진) 뇌가 비상 사태를 종료함
  3단계: 애착 체계 비활성화
  4단계: 울음과 소리 지르기 종료

이 모든 단계 속에 아기의 자유의지는 조금도 관여하지 않습니다. 아기 역시 당신처럼 각각의 단계를 속수무책으로 지켜볼 뿐이죠. 그래서 아기는 울음을 멈췄다가도 곧바로 다시 소리를 지르는 거랍니다.

결론

    우는 아기를 품에 안아주는 것은 무조건적이고, 본능적이고, 인류의 진화 과정에서 물려받은 아주 오래된, 인류 역사의 99%가 넘는 시간 동안 중시되어 온, 그리고 당신과 저를 포함한 우리 모두가 그렇게 하도록 처음부터 설계된 반응입니다. 그러니 당신을 원하는 아이를 맘껏 안아주세요.

17

아이가 어른에게 소리 지를 때 혼내도 되나요?

찬성 > 아이가 마음대로 굴기 시작할 때 바로 잡아주거나 나무라는 어른이 없다면 20년, 30년 뒤 그 아이는 어떻게 될까요? 어렸을 때 규칙이나 규범을 지키지 않고 자란 아이는 커서 자기 맘대로 뭐든 다 해도 된다고 생각할 거예요. 따끔하게 혼내는 게 어른의 역할이죠.

반대 > 아이는 원해서 소리를 지르는 게 아니에요. 그런 아이를 혼낸다면 상황은 최악으로 치달을 거예요. 어른이 먼저 분노를 다스리고 모범을 보여야 해요.

저자의 생각 > 반대입니다. 아이의 작은 뇌는 아직 미성숙한 상태로, 충동적인 감정을 제대로 조절하기 어렵습니다. 좋을 때나(즐거움, 관심) 나쁠 때나(두려움, 슬픔, 분노) 마찬가지죠. 아이를 혼내는 건 어른의 긴장감을 밖으로 표출함으로써 자기 자신을 안심시키는 것에 불과합니다. 정작 아이에게는 교육적으로 효과가 없지요. 말썽 부리는 아이를 혼내면 혼낼수록 아이는 더더욱 말썽을 부리고 분노를 폭발시킬 위험도 커집니다. 상대를 나무라는 게 인간관계를 평탄하게 유지하는 좋은 방법이 아닌 것처럼요.

 상황

아침부터 토니오의 상태가 좋지 않습니다. 온갖 짜증을 부리기로 작정한 모양입니다. 아니나 다를까 자신의 손에 들려 있는 장난감을 화풀이를 하듯 던지더니 소리를 지릅니다. 엄마가 토니오를 잡아 자리에 앉힙니다. 하지만 쉽지 않습니다. 결국 토니오가 폭발했습니다. "아아아아아아아악."

엄마도 자신의 인내심이 바닥났음을 느낍니다. "토니오. 이렇게 네 맘대로 해도 되는 줄 아니? 네 마음에 안 들어도 어쩔 수 없어." 그 말에 토니오는 온 동네가 떠나가라 소리를 지르며 울기 시작합니다. "아아아아아아아아아악." 엄마도 참지 않습니다. "너 정말 정신 못 차릴래? 조용히 하지 못해?" 이 모습을 보다 못한 아빠가 엄마의 손을 잡아 밖으로 데리고 나갑니다.

엄마의 생각

슬퍼하는 아이를 달래는 데는 얼마든 시간을 들일 수 있어요. 하지만 짜증을 내거나 화풀이를 하거나 소리 지르는 아이는 정말이지 참아줄 수가 없어요. 제 역량 밖의 일이에요. 아이가 마치 저를 지배하고 싶어 하고, 원하는 대로 하려고 하고, 저를 굴복시키려 하는 것처럼 느껴지거든요. 그럴 때마다 제가 무력하고 나약한 사람인 것 같아요. 뭔지 모르게 모욕적이라는 생각도 들고요. 저런 어린아이가 제게 소리를 지르는 걸 어떻게 참아주나요? 제가 아이를 잘못 교육한 걸까요? 이럴 때마다 제가 알던 아이가 아닌 것 같아요.

 아이의 생각

제가 화를 낸 건 엄마 마음을 상하게 하려던 게 아니라 어떻게 해야 할지 몰라서 그런 거예요. 밖에서 끊임없이 들려오는 시끄러운 소리, 다른 아이들이 내는 불편한 소리, 밀려오는 졸음, 배고픔……. 이 모든 것들이 제 머릿속을 혼란스럽게 하거든요. 이건 마치 헤엄칠 줄 모르는 저를 수영장에 던져놓은 것과 같아요. 저는 감정의 바닷속에 빠져 허우적거리고 있다고요. 지금 제게 필요한 것은 저와 함께 물속으로 들어와 저를 품에 안고 함께 헤엄쳐주는 거라고요.

소리 지르는 아이를 혼내면 안 되는 이유는 무엇인가요?

아이의 잘못이 아니기 때문입니다. 신경과학은 우리에게 어린 아이가 얼마나 스스로 진정하고, 이성적으로 사고하는 능력이 부족한지 알려줍니다. 그렇다면 그 이유는 무엇일까요? 이성적으로 사고하고 감정적 충동을 통제하도록 해주는 전두엽 피질의 뉴런들이 만 30세에 이르러야 비로소 성숙하기 때문입니다. 그게 다가 아닙니다. 대뇌변연계(아무것도 아닌 일에도 발동하는 뇌의 작고 예민한 부분)와 피질(모든 질문에 대한 답을 가지고 있는 위대한 현자)도 아직 제대로 연결되지 않았습니다.[40] 그 결과 아이의 감정은 아침부터 저녁까지, 또 저녁부터 다음 날 아침까지 제멋대로 굴러가는 것입니다.

어른의 반복적인 고함은 장기적으로 아이의 뇌에 영향을 미칠 수 있습니다. 아이의 뇌는 우리가 생각하는 것보다 훨씬 주변 환경에 민감합니다. 2008년 한 연구에 따르면[41] 이른 시기에 경험한 반복적인 스트레스 상황은 성인이 된 후에 스트레스에 대한 과민성을 유발할 뿐만 아니라 행동 문제, 정신병리학적 위험, 신체적 문제를 일으킬 수 있다고 합니다. 2014년 프랑스의 연구도[42] 유아 발달에 민감한 시기에 스트레스에 반복적으로 노출되었던 경험이 어른이 되어서 '생리학적 쇠약'의 한 형태를 불러일으킬 수 있으며, 위험한 행동의 출현, 높은 체질량 지수, 또는 빈약한 사회경제적 지위를 조장할 수 있다고 말합니다.

반복된 스트레스는 아이의 면역계를 손상시킬 수 있습니다. 많은 연구들이 반복적이거나 만성적인 스트레스가 면역 보호 체계의 효과 감소와 관련 있다는 사실을 증명하고 있습니다.[43] 그 이유는 무엇일까요? 코르티솔이 면역계의 중요한 세포들을 약화시켰기 때문입니다. 스트레스 호르몬은 이 중요한 세포들을 염증의 호르몬 조절에 둔감하게 만들고, 염증 매개 물질의 수를 증가시킬 위험이 있습니다. 이렇게 되면 면역계는 우리 몸을 보호하기보다 질병에 걸리기 쉽게 만들죠. 다량의 코르티솔은 신진대사를 변화시키고 만성 질환과 자가 면역 질환을 발병시킬 수 있다고 합니다.

억압적인 방법으로는 더 괜찮은 아이로 키우지 못합니다. 2013년, 옥스퍼드대학의 발달심리학 연구원 레베카 월러가 규율과 처벌에 기초한 엄격하고 권위적인 교육을 대상으로 한 30건의 연구 데이터를 종합했습니다.[44] 그 결과 이러한 종류의 교육이 기대했던 것의 정반대 효과를 불러왔다는 사실을 확인했습니다. 억압적인 교육을 받은 아이들은 청소년이 되어서 무분별하고 공격적이며, 거칠고 공감 능력이 결여된 경향을 보였습니다. 반복적으로 정서적 학대를 경험할 경우 행동 및 정신의학적 관점에서 불안이나 우울증, 공격성과 같은 질병을 유발할 수 있다고 합니다.

아이는 '당신에게' 소리 지르는 것이 아닙니다. 그저 소리를 지르는 것이죠. 그러니 아이에게 분노하지 마세요. 아이는 이미 충분히 힘드니까요.

아이가 울버린으로 변신했을 때 대처하는 법

- 일단 숫자를 열까지 세고 크게 숨을 들이마십니다. 그래도 쉽게 진정되지 않는다면 좋아하는 노래를 부르면서 동네를 세 바퀴 도세요.
- 아이 눈높이에 맞춰 몸을 낮추세요.
- 아이가 일부러 당신의 기분을 상하게 한 게 아니라는 사실을 상기하세요.
- 당신과 아이 모두의 스트레스 수치를 낮추기 위해 아이와 스킨십하세요(옥시토신 분비 촉진).
- 아이의 화를 멈추게 하려고 애쓰지 마세요.
- 아이가 진정되면 아이의 감정("너는 화가 많이 나 보였어.")과 당신의 감정("네가 화난 모습을 지켜보는 게 엄마도 쉽지 않아. 엄마도 화가 나고 슬퍼.")을 말로 정확하게 그리고 쉽게 설명해주세요.
- 아이의 마음도 중요하지만 당신의 감정도 중요합니다. 가끔은 당신의 마음이 먼저일 때도 있습니다. 마음을 추스르기 위해 마사지나 스파를 예약하세요.

🧪🧪🧪 결론

우리는 아이와 함께 있을 때 통제력을 잃고 언성을 높이거나 소리를 지르고 혼란에 빠지기 쉽습니다. 감정적인 건 인간의 특성이니까요. 이것만 기억하세요. 아이가 화를 내는 건 고의가 아니고, 당신의 기분을 상하게 하려던 건 더더욱 아니었다는 사실을요.

아이는 지금 당신을 필요로 하고 있습니다. 그런 마음을 몰라주고 아이에게 화를 냈거나 소리를 질렀다면 당신이 먼저 사과하는 건 어떨까요? 좋은 어른이 된다는 것과 흠잡을 데 없는 사람이 된다는 것은 같은 의미가 아닙니다. 실수를 저질렀을 때 아이에게 사과할 줄 아는 사람이 진짜 좋은 어른이죠.

18

아이에게 힘든 감정을
솔직하게 표현해도 될까요?

찬성 > 우리는 아이들에게 끊임없이 감정을 솔직하게 이야기하고, 느끼는 바를 말로 표현하라고 요구하죠. 아이들이 정말로 그러길 바란다면 어른들부터 그래야 하지 않을까요? 우리는 솔직하지 못하면서 아이에게는 솔직하라고 하는 것은 모순이에요.

반대 > 아이는 아직 어른의 감정을 완전하게 받아들일 준비가 되어 있지 않습니다. 우리는 어른입니다. 적당히 선을 지킬 필요가 있어요. 좋은 것만 보여주고, 원하는 대로 해주고 싶은 아이에게 힘들고 어려운 감정을 그대로 전달하는 건 아니라고 봐요. 아이가 좀 더 성장한 뒤에 해도 늦지 않습니다.

저자의 생각 > **찬성입니다.** 아이에게 지난밤에 당신 또는 당신 가족이 겪은 슬픈 일에 대해 전부 이야기하라는 것이 아닙니다. 감정 상태를 언어로 표현하고, 더욱 구체적으로는 모든 비언어적 소통(몸짓, 얼굴의 표정, 목소리의 어조 등…)을 하라는 의미입니다.

 상황

오늘 아침, 마르틴의 컨디션이 영 좋지 않습니다. 어젯밤, 남편과 길고 긴 대화를 나누고 밤을 거의 새우다시피 한 탓입니다. 하지만 이런 힘든 마음을 아이 앞에서 드러내고 싶지는 않습니다. 아니, 아이가 알게 하고 싶지 않습니다. 마르틴은 여느 아침과 다름없는 밝은 표정으로 방으로 들어가 아이를 깨우고, 아무 일도 없었다는 듯 아이의 얼굴을 마주합니다.

하지만 생각처럼 쉽지 않습니다. 미국항공우주국보다 훨씬 더 막강한 레이더를 지니고 있는 아이의 눈을 피해 가긴 어렵습니다. 역시나 들켜버리고 말았습니다. 엄마의 눈빛, 미소, 몸짓, 호흡이 아무래도 평소와는 다른 탓이지요. 그럼에도 마르틴은 애써 웃음을 지으며 같은 말을 되풀이합니다. "엄마는 괜찮아. 조금 피곤해서 그럴 뿐이야. 정말이야."

가능하면 아무 일도 없는 듯 하루를 보내고 싶어요. 솔직히 말하면 제가 힘들고 슬프다는 사실을 아이에게 털어놓았을 때 아이가 어떻게 생각할지 몰라 두려워요. 아이가 저를 약한 사람으로 생각할까봐 겁도 나고요. 저는 강한 엄마이고 싶거든요. 이런 제 모습에 아이가 두려움을 느낄까봐 불안하기도 하고요.

 아이의 생각

엄마가 제 감정을 보호해주려는 건 감동이에요. 하지만 그러지 않아도 돼요. 제가 엄마의 감정을 전부 이해하지는 못해도 느낄 수는 있거든요. 오늘 아침 엄마의 미소는 다른 날과 달랐어요. 어제보다 덜 웃고 한숨도 많이 쉬었죠. 엄마는 계속 괜찮다고 하지만, 조금 피곤한 것뿐이라고 하지만 그게 아닌 게 제 눈에는 다 보인다고요.

 아이에게 감정을 솔직히 이야기해야 하는 이유는 무엇인가요?

감정은 자연스러운 것입니다. 터부시해야 하는 것도, 더럽거나 부끄러운 것도 아닙니다. 나약함을 드러내는 것은 더더욱 아니지요. 수많은 동물들에게 공통적으로 나타나는 자연스러운 신경생물학적 표현입니다. 모든 감정은 각각 뇌의 명령에 따르고, 내분비샘(뇌하수체,

갑상선, 부신 등과 같은)이나 신경전달물질을 통한 호르몬 체계의 변화에 기반을 두고 있습니다. 다시 말해 감정은 재채기나 배고픔과 같은 생물학적 현상입니다. 게다가 감정은 그 자체로 긍정적인 것도, 부정적인 것도 아닙니다. 단지 기분을 좋게 만들거나, 나쁘게 만드는 것만이 있을 뿐이죠.

감정에 이름을 붙이는 것만으로도 도움이 됩니다. 카트린 게겐은 『학교에서 배우는 것의 행복: 감정 및 사회 신경과학이 어떻게 교육을 변화시키는가?』에서 기분 나쁜 감정들을 단어로 표현하는 행동("지금 나 아주 화났어.", "오늘 나는 슬퍼.")이 편도체의 활동을 감소시킨다고 했습니다. 스트레스 호르몬의 분비도 줄여주지요. 이 말은 곧 아이에게 우리의 감정에 대해 이야기하면 할수록 긴장이 풀린다는 뜻입니다.

아이에게 어른의 감정을 털어놓으면 아이의 감성 지수나 정서 지능이 발달합니다. 당신의 감정을 아이가 인식하게 하고 설명함으로써 당신은 아이의 감성 지수 발달을 도울 수 있습니다. 정서 지능을 처음으로 제시한 존 메이어와 피터 샐러비는 이를 '감정을 인지하고 표현하며, 사고를 용이하게 하기 위해 감정들을 통합하고, 감정을 가지고 이해하고 논리적으로 사고하며, 자기 자신과 타인의 감정을 조절하는 솜씨[45]'라고 정의했습니다. 감성 지수는 학교는 물론 사회, 특히 직장생활을 할 때 매우 중요합니다. 어쩌면 지능 지수보다 훨씬 더 말이죠.

성공적인 삶을 위해서는 달팽이의 지능 지수와 심리상담사의 감성 지수를 가지는 것이 그 반대보다 훨씬 좋습니다. 겉보기와는 달리 지능 지수가 높은 사람이 그렇지 않은 사람에 비해 꼭 좋은 성과를 내는 것은 아닙니다. 감성 지수는 지능 지수 그 자체보다 학업 및 직업적 성공을 훨씬 더 잘 예측하게 해줍니다. 이유가 무엇일까요?

미국의 임상심리학자 대니얼 골먼에 따르면, 정서 지능은 학습력과 기억력 또는 문제 해결과 같은 인지 능력을 저해하거나 반대로 증대시키는 역할을 한다고 합니다.[46] 충동 및 감정에 대한 통제, 낙관주의 혹은 희망과 같은 긍정적인 감정 상태는 긍정적인 인지 효과와 학업 성과를 불러오지만 걱정이나 비관주의 같은 부정적인 감정은 낮은 성과를 야기합니다.[47] 결론적으로 아이에게 당신의 감정을 솔직하게 드러내는 것은 전 생애에 걸쳐 도움이 되는 정서적 감각을 길러주는 것입니다.

이렇게 해주세요

- 아이에게 당신의 감정을 솔직하게 말하세요. 아주 자세할 필요는 없습니다. "엄마가 어제 친하게 지내던 사람과 오해가 생겨서 작은 말다툼을 했어. 그래서 어젯밤에 잠을 제대로 못 잤더니 슬프고 피곤하네."
- 아이에게는 아무런 잘못이 없다고 반드시 상기시켜 주세요. "네 잘못이 아니란다. 너는 아무런 잘못이 없어."

- 당신의 감정이 어떻게 행동까지 영향을 주는지 설명해주세요. "엄마가 슬퍼서 오늘은 힘이 나질 않아. 그래서 조금 전에 네게 조금 퉁명스러웠어. 정말 미안해."
- 슬픈 감정을 줄이기 위해 당신이 어떻게 할지 구체적으로 설명해주세요. "너도 알겠지만, 슬플 땐 기분이 별로 좋지 않아. 오늘처럼 슬플 때는 꼭 머리 위에 커다란 짐 가방이 올라가 있는 것 같아. 하지만 차차 괜찮아질 거야. 조금씩 가벼워지다 보면 저녁 즈음엔 더 좋아지겠지. 엄마 얘기 들어줘서 고마워."
- 아이의 감정에 대한 질문으로 넘어가세요. "너는 어때? 너도 슬플 때가 있어? 최근에 가장 슬펐던 건 언제야?"

🧪🧪🧪 결론

아이에게 감정을 이야기하는 것은 당신의 일부를 나눠주는 것으로, 그렇게 함으로써 당신은 아이에게 멋진 선물을 주게 됩니다. 당신의 믿음과 관심을 보여주는 일일뿐만 아니라 아이가 앞으로 살아가는 데 있어 평생 유용하게 써먹을 정서 지능을 발달시켜 주는 일이기 때문입니다. 우리는 인간이고, 인간은 불완전하기에 여러 감정을 경험하며 살아갑니다. 이것이 바로 삶이고, 아이들이 필요로 하는 것입니다.

19

감정과 관련된 도구나 장난감을
맘껏 사용해도 될까요?

찬성 > 여러 가지 감정을 다루거나 드러내주는 장난감은 아이들의 정서 지능을 발달시켜 주기 때문에 꼭 필요하죠.

반대 > 그런 도구나 장난감들은 아이들에겐 별 도움이 되지 못할 뿐더러 일시적인 유행에 불과해요. 차라리 다른 곳에 에너지를 쓰는 게 낫습니다.

저자의 생각 > 찬성도, 반대도 아닙니다. 사실 아이의 감정에 관한 문제에 관심을 갖는 것 자체가 의미 있는 일입니다. 그래야 아이가 감정적으로 폭발했을 때 당황하지 않고 적절히 대처할 수 있으니까요. 무엇보다 이런 노력이 이뤄져야 아이의 정서 지능을 발달시킬 수 있습니다. 우리는 아이가 자신의 감정과 다른 사람의 감정을 식별하고, 그것을 이해하고, 그것에 이름 붙일 수 있도록 도와야 합니다. 그렇다면 여기엔 이로운 점만 있을까요? 그럴 리가요. 장점이 있는 만큼 단점도 있습니다. 감정을 도구화할 수 있다는 게 문제죠.

 상황

평화로운 주말 아침, 엄마가 두 아이를 데리고 찰흙놀이를 하고 있습니다. 그런데 갑자기 솔렌이 이네야의 찰흙 한 조각을 빼앗습니다. 솔렌의 행동에 이네야는 화가 솟아오릅니다. 급기야 소리를 지르더니 바닥에 풀썩 주저앉습니다. "이네야. 솔렌이 찰흙을 빼앗아가서 화가 났구나. 하지만 여기 더 있잖아. 봐봐, 그렇게 화낼 필요가 없는 일이야."

하지만 바닥에 대 자로 뻗은 이네야는 계속해서 소리를 지릅니다. 이 모습을 보던 아빠가 다가와 이네야를 일으켜 다른 방으로 데려갑니다. "이네야, 너는 화를 낼 권리가 있어. 하지만 방 한가운데에 그렇게 누워서 하는 방식은 안 돼. (옆에 있던 쿠션을 이네야에게 보이며) 화가 날 땐 이 쿠션을 때려봐. 그럼 조금 나아질 거야. 아빠가 옆에 있을게. 사정없이 마구 때려도 돼. 원하면 쿠션에 대고 소리를 질러도 되고."

'분노를 표출해도 된다'는 허락을 받은 이네야는 쿠션에 몸을 던지고 소리를 지르며 쿠션을 때리기 시작합니다.

아이는 화를 낼 권리가 있어요. 아니 그럴 필요가 있다고 생각해요. 화를 내지 못하게 막는다면 그것을 해소할 수 없고, 나중에 더 큰 문제가 될 수도 있으니까요. 그런 해소의 순간을 도와주기 위해 우리는 '감정들의 공간'을 만들었어요. 쿠션은 아이의 감정을 받아주고, 벽에 붙은 감정 스티커들은 아이가 다시 진정 상태에 접어들었을 때 자신이 겪은 감정을 인식하도록 해줘요. 손이 닿는 곳에는 감정의 공도 놔두었어요. 필요할 때마다 벽을 향해 던지거나 물어뜯어도 되죠. 울거나 소리를 지를 때 자신의 얼굴을 관찰할 수 있는 거울도 두었답니다. 이 모든 건 아이가 자신의 감정을 더 잘 이해하도록 하기 위함이에요.

엄마가 저를 도와주려고 하는 건 알겠어요. 하지만 제가 감정적으로 폭발할 때나 뭘 어떻게 해야 할지 몰라 뇌가 폭발할 것 같을 때 제게 필요한 건 쿠션이 아니에요. 거울도 아니고, 공은 더더욱 아니에요. 제게 정말 필요한 건 엄마라고요. 엄마의 품, 다정함, 온기, 사랑이요. 나머지는 모두 부차적인 것에 불과할 뿐이에요. 어른들은 이걸 왜 모르는 걸까요.

🔓 감정 카드의 장점과 단점은 무엇인가요?

감정 카드는 아이에게 감정에 대해 더욱 정교한 지식을 쌓게 해줍니다. 아이의 몸과 마음이 평온한 상태일 때 카드를 가지고 놀이를 진행한다면 얼굴 표정과 감정을 나타내는 단어를 연관 짓는 것은 물론 감정에 관한 다양한 지식을 쌓을 수 있습니다. 이런 활동이 원활하게 지속된다면 아이의 감정 지수 발달에도 도움이 되겠죠.

카드를 가지고 다양한 활동도 할 수 있습니다. 특정 감정(기쁨, 슬픔, 분노 등)을 찾아보라고 할 수도 있고, 더 큰 아이들의 경우 카드에 해당하는 감정을 말로 설명해보게 할 수도 있습니다. 일상의 한 장면을 제시하고 그것이 아이에게 어떤 감정을 불러일으키는지, 또 무엇을 느끼는지 설명해보라고 할 수도 있습니다. 세상 모든 엄마 아빠가 바라는 아름다운 광경이네요.

하지만 여러 카드를 보여주면서 그 순간에 아이가 어떤 감정을 느끼는지 묻는 건 아무런 도움이 되지 않습니다. 그 나이대의 아이들에게 다양한 정보 사이에서 하나를 고르라고 하는 것은 오히려 자극을 억제하는 것과 같습니다. 전두엽이 미성숙한 아이들에게는 아주 어려운 일이지요.

여기서 잠깐, 친구가 들려준 이야기를 해보겠습니다. 먼저 아이에게 두 개의 카드를 보여줬습니다. 하나는 기쁨 카드이고, 다른 하나는 슬픔 카드입니다. 그러고는 이렇게 물었습니다. "오늘 기분이 어때? 슬프니, 아니면 기쁘니?" 아이는 첫 번째 카드를 가리켰고, 곧

이어 두 번째 카드를 가리켰습니다. 아이의 선택을 보며 엄마는 이렇게 말했습니다. "아하, 조금은 기쁘기도 하지만 조금은 슬프구나?" 그 말에 아이는 무슨 소린지 알 수 없다는 표정을 지었습니다. 무엇이 문제일까요? 아이는 그저 선택을 하기가 어려웠던 겁니다. 그래서 엄마가 내민 카드 중에 예쁘다고 생각한 것을 가리켰던 것이죠. 꿈보다 해몽이라는 말이 딱 맞네요.

아직 감정 조절이 미숙한 아이에게 감정 카드를 고르게 하는 건 의미 없는 일입니다. 분노를 느끼는 아이의 뇌는 다량의 코르티솔을 분비하고, 그로 인해 복잡한 마음의 과정을 겪습니다. 다시 말해 이때는 뇌가 이성적으로 사고할 여유가 없습니다. 화가 잔뜩 나 있는 당신에게 누군가 퍼즐을 풀라고 한다고 생각해보세요. 진정되기는커녕 더 화가 나죠?

무엇보다 카드에 나타난 감정들은 지나치게 단순합니다. 인공지능학 교수 로랑스 드비에가 2005년에 발표한 연구에서[48] 지적한 것처럼 감정(기쁨, 슬픔, 분노, 두려움 등)은 실제 삶(하나의 감정보다는 여러 감정과 태도가 복합적으로 나타나는)에서 관찰되는 감정 상태의 미묘함을 짚어내기에 충분하지 않습니다.

사회적 맥락과 관계없이 하나의 카드로 하나의 감정을 연결 짓는 것에는 오류가 있을 수 있습니다. 하나의 감정이 하나의 표정에 국한되지는 않으니까요. 감정은 지극히 사회적인 기호입니다. 이런 기호는 상대방으로 하여금 우리가 어떤 감정을 느끼고 있는지 깨닫게 해줍니다. 감정을 둘러싼 맥락, 이를테면 그 감정을 느끼는 사람이 누구인지, 몸과 얼굴의 움직임은 어떠한지, 그 사람이 무엇을 하고 있는지 등은 그 감정을 식별하고 이해하는 데 커다란 영향을 미칩니다. 카드에 그려진 얼굴 표정은 그 자체로 별다른 정보를 주지 못합니다. 어떤 면에서는 감정을 쉽게 인식하도록 해주지만 다른 면에서는 오히려 그것을 어렵게 만들죠. 왜일까요?

카드에는 표정이라는 딱 한 가지 정보만 있습니다. 그러나 우리의 감정은 그렇게 단순하지 않습니다. 약간 화가 나는 동시에 슬프고 부끄러울 수도 있으며, 슬픈 동시에 안심이 될 수도 있죠. 게다가 감정은 한 순간에 머물러 있지 않습니다. 말을 하거나 장소가 변화하거나 상황에 따라 시시때때로 변화합니다. 그래서 한 장의 카드에 그려진 표정을 인식하는 건 어렵지 않을지 몰라도 다른 정보들이 동시다발적으로 쏟아질 경우에는 큰 혼란을 느낄 수 있습니다.

이처럼 감정을 인식하는 건 어렵고 복잡한 일입니다. 다시 말해 카드가 보여주는 하나뿐인 정보인 표정만으로 이런 복합적인 감정을 판단하기에는 어렵습니다. 실제로 우리는 어떤 감정을 식별할 때, 그러니까 상대방의 머릿속에서 지금 무슨 일이 일어나는지 알아내려고 할 때 그 사람의 얼굴 표정만 보고 확정하지 않습니다. 그 사람의 어조와 자세, 상황, 맥락 등을 모두 고려하죠.

분노 쿠션, 괜찮은 방법일까?

- 아이가 감정적 폭풍을 겪고 있을 때 쿠션 위에 편안하게 앉게 한 뒤에 품에 안아주는 것은 좋은 방법입니다. 쿠션의 부드러운 질감과 아이의 몸이 서로 닿음으로써 아이의 긴장이 풀어지는 효과가 있기 때문입니다. 혹시 모를 부상도 막을 수 있습니다. 그와 동시에 필요한 것은 당신의 지지입니다. 이 순간, 아이에게 당신이라는 소염제가 작용할 것입니다.

- 아이에게 혼자서 쿠션에 화를 풀라고 하는 건, 글쎄요. 아이는 혼자서 분노라는 감정을 다스릴 능력이 없습니다. 쿠션이 있다고 해서 달라지는 건 없습니다. 감정적인 아이의 뇌는 스트레스 호르몬이 다량으로 분비되면서 커다란 혼란을 겪습니다. 아이가 다시 안정을 되찾게 하려면 코르티솔 해독제인 옥시토신을 선물해야 합니다. 당신과 다정하게 접촉하지 않는 이상 아이의 뇌는 계속해서 코르티솔의 공격을 받을 거예요.

- 화가 난 아이에게 쿠션을 때리도록 하는 것도, 글쎄. 쿠션을 때리거나 인형의 머리를 뽑거나 공을 깨무는 것으로 화를 삭히는 건 좋지 못한 생각입니다. 왜일까요? 감정을 해소하기 위해 기계적으로 무언가를 때리도록 하는 건 아이의 뇌에 '분노와 때리기, 분노와 머리 뽑기, 분노와 깨물기'라는 길을 터주는 것이나 마찬가지이기 때문입니다. 아이에게 "다른 사람을 깨물어선 안 돼. 하지만 쿠션은 당장 달

려가서 마음껏 깨물어도 돼"라고 말했을 때 과연 어떤 메시지가 전달될까요? 이런 방식보다는 시간이 흐르면서 아이가 자신의 감정을 식별하고 조절할 수 있도록 만들어줘야 합니다. 아이가 커서 상사가 휴가를 반려했다고 그의 종아리를 잘근잘근 씹게 만들어서는 안 될 테니까요. 어른은 아이가 방어적 행동을 택하도록 격려하기보다는 스트레스의 근본적인 원인을 줄일 수 있도록 도와야 합니다. 증상을 호도하기보다는 원인을 찾아 제대로 '치료'하는 게 가장 좋겠죠.

이렇게 해주세요

- 도구나 카드는 아이가 평온하고 침착한 상태에서 사용하세요. 극한 감정에 휩싸여 있을 때는 아무래도 정상적인 사고를 하기가 힘드니까요.
- 활발한 상호작용을 돕는 도구를 선택하세요.
- 아이가 두려움, 슬픔, 분노와 같은 감정에 매몰되어 있을 때는 도구를 내려놓으세요. 지금 필요한 것은 아이를 지지해주고 공감해주는 것입니다.

결론

　　도구나 감정 카드가 아이에게 도움이 된다 하더라도 그 자체가 목적이 되어서는 안 됩니다. 왜냐고요? 아이의 정서 지능은 사람들과의 상호작용 속에서 발달하기 때문입니다. 어느 슬픈 아침, 당신은 아이에게 이렇게 말할 겁니다. "노아, 엄마는 슬프단다." 아이가 웃음을 터뜨리며 여기저기 뛰어다닐 때 당신은 또 이렇게 말하겠죠. "아유, 노아야! 넌 참 잘 뛰어다니는구나. 행복해 보이네."

　　도구나 감정 카드가 아이의 감정을 확인하는 데 도움을 줄 수는 있지만 가장 중요한 것을 잊어서는 안 됩니다. 감정은 인간관계 속에서 우리가 경험하고, 이해하고, 느끼는 것임을요.

20

아이가 떼를 쓰거나 짜증을 부리면 바로 진정시켜야 하나요?

찬성 > 울거나 소리를 지르기 시작한 아이는 지금 고통을 느끼고 있어요. 아이를 최대한 빨리 진정시킬 방법을 찾아야 해요. 그렇지 않으면, 그리고 이런 일이 반복되면 아이의 성격이 나빠질지도 모르는 일이라고요.

반대 > 아이는 울음이나 화를 표출하는 것으로 스트레스를 해소합니다. 처음부터 막아버리면 스트레스 해소도 안 될 뿐더러 10분 뒤에 다시 폭발하고 말 거예요.

저자의 생각 > 반대에 가깝습니다. 물론 상황에 따라 다르겠지만요. 어른들의 생각과 달리 울거나 소리를 지르는 아이는 별 고통을 느끼지 않습니다. 고통을 느끼는 건 바로 우리 어른들이지요. 그렇지 않은가요? 게다가 신경생물학자들의 연구에 따르면 우는 것은 기분과 신체, 수면, 그리고 건강에 꽤 이롭다고 합니다. 어른과 아이 모두에게요. 그러니 잠시 두고 보는 것도 나쁘지 않겠죠?

 상황

화창한 아침, 하지만 아누크의 표정은 밝지 못합니다. 이제 곧 출근하는 엄마와 떨어져야 하기 때문입니다. 어린이집의 문이 열리는 순간 아누크가 온 힘을 다해 소리를 지르며 울기 시작합니다. 선생님이 아이를 안심시켜 보지만 엄마의 눈에서도 금방 눈물이 쏟아질 것 같습니다. 하지만 출근 시간이 다가오는지라 엄마도 더는 지체할 수 없습니다. 이렇게 오늘도 힘든 이별을 합니다.

한바탕 울음을 치른 뒤, 문 안쪽에 선 교사가 아이 귀에 대고 속삭입니다. "이제 괜찮아졌지? 그만 들어가자."

 엄마의 생각

아이가 소리를 지르거나 떼를 쓰기 시작하면 제 몸이 굳어버리는 것 같아요. 순간 머리가 지끈지끈하면서 스트레스가 다가오는 느낌이에요. 아이가 이럴 때마다 무력감과 좌절감, 긴장감이 동시에 들어요. 많은 엄마들이 저와 같은 감정일 거라 생각해요. 하지만 아이도 힘들겠다 싶어서 마음을 그대로 표현하지 못할 뿐이죠.

일상 속에서 제게 스트레스를 주는 것들은 아주 많아요. 아침에 엄마랑 떨어지는 것부터 어린이집에서 케빈이랑 마음이 맞지 않는 것, 선생님이 자꾸만 하지 말라고 하는 것까지요. 그래서 울고, 화내고, 떼를 쓰고, 소리를 지르는 거예요. 이걸 다 참을 수는 없거든요. 그런데 제가 울거나 소리를 지르면 엄마나 선생님은 꼭 제 입을 다물게 만들어요. 어른들과 달리 저는 스트레스를 풀 다른 방법이 딱히 없는데 말이죠. 어른들은 여행도 가고, 친구도 만나고, 몸에 좋지 않은 것도 먹으면서 풀잖아요. 하지만 제가 할 수 있는 건 없는걸요. 그러니 제가 울거나 화를 표출할 때는 무조건 저를 조용히 시키려 하기보다는 저를 안아주고, 제 말을 들어주고, 제가 편안해질 때까지 시간을 주시는 게 어떠세요?

🔓 울거나 소리를 지르는 아이를 무조건 저지해서는 안 되는 이유는 무엇인가요?

울고 소리를 지르는 행위는 긴장 완화에 꽤 도움이 됩니다. 1970년대, 한 연구진이 마음껏 울고 소리를 지를 수 있는 심리요법 강연에 실험자들을 참여시켰습니다.[49] 강연이 끝난 뒤, 연구진들은 실험에 참여한 사람들의 체온과 혈압이 낮아지고 뇌파가 동기화된 것을 확인했습니다. 심장박동도 느려진 사실을 확인했습니다. 이러한 생리학적 변화는 긴장 완화의 지표로 여겨집니다. 이 결과를 보며 이렇게 반문할지도 모릅니다. "그래? 나는 운동하면서 스트레스를 푸는데?" 그래서 연구진들은 또 다른 참가자들을 대상으로 실험을 실시했습니다. 이번에는 운동을 시키면서 똑같은 연구를 진행했습니다. 결과는 어땠을까요? 운동에 참여한 실험 대상자들이 마음껏 울고 소리를 지르며 참여한 대상자들에 비해 생리학적으로 긴장이 덜 완화되었다는 사실을 확인했습니다.[50]

눈물은 스트레스 물질을 배출합니다. 생물학자 윌리엄 프레이는 감정으로 인한 눈물(참고로 이 눈물은 양파나 파를 썰 때 나오는 자극에 의한 눈물과는 성분이 다르다.) 속에서 스트레스 호르몬, 그중에서도 아드레날린과 노라드레날린을 발견했습니다.[51] 몸 밖으로 스트레스 물질을 배출하는 것은 교감신경계(스트레스를 받을 때 심장을 쿵쾅쿵쾅 뛰게 만드는)의 흥분을 줄여주고 인체의 호르몬 균형을 잡는 일입니다. 연구진들은 한 가지 가설을 제시합니다. 어쩌면 눈물은 스트레스로 인한 부작용으로부터 인체를 보호하기 위해 진화 과정에서 발달한 적응 메커니즘일 수 있다는 거죠.

스트레스는 몸과 정신 건강에 해롭습니다. 스트레스를 마주한 인체는 '글루코코르티코이드'라 불리는 호르몬을 배출합니다. 이 호르몬은 인체로 하여금 비상 상황, 이를테면 갑자기 무서운 동물을 마주친 것과 같은 상황에서 빠른 판단을 할 수 있도록 도와줍니다. 하지만 반복적인 스트레스로 글루코코르티코이드가 과다하게 분비되면 오히려 집중력 저하나 과민, 걱정 등의 부작용을 경험할 수 있으며, 면역 체계가 약해질 수도 있습니다. 스트레스를 많이 받는 사람이 상대적으로 감염에도 취약하다는 사실은 널리 알려져 있죠.[52]

스트레스는 전 생애에 걸쳐 지능에 영향을 끼칩니다. 2018년, 만 25~65세 성인 240명을 대상으로 실시한 연구에 따르면[53] 일상의 스트레스는 사고하고 이해하고 기억하는 등의 인지 능력에 영향을 미친다고 합니다. 이는 비단 어른에게만 해당하는 이야기가 아닙니다. 1983년, 만 7세 아동 4,000명을 대상으로 실시한 연구는 스트레스 수치와 지능 사이의 연관성을 입증합니다. 스트레스 수치가 높으면 높을수록 아이들의 지능 지수가 낮았습니다.[54] 최근 프랑스의 학술지 《드브니르》에 발표된 기사에 따르면 임신 중 스트레스는 아기의 인지 발달에도 영향을 미친다고 합니다.[55]

울고 소리 지르는 것은 스트레스를 해소하는 하나의 방법

아이들이 스트레스를 조절하기 위해 사용하는 도구는 다양합니다. 놀이일 수도 있고, 이야기를 하는 것일 수도 있으며, 웃거나 우는 것일 수도 있습니다. 화를 내는 것도 그중 하나죠. 화가 났을 때 우는 것은 자연스러운 것입니다.

감정을 외부로 표출하는 것은 건강에 좋다

유방암 투병을 한 여성들의 특징을 연구한 결과에 따르면 분노와 두려움, 슬픔을 밖으로 적절히 표출한 여성들의 평균 수명이 감정을 억제하고 삼키며 참은 여성들보다 더 길었다고 합니다. 감정을 마음속으로만 삭힐 필요가 없습니다. 겉으로 드러내야 상대가 알 수 있습니다. 그래야 위로도 받고 이해도 받을 수 있다는 것 잊지 마세요.

적응 과정에서 운 아이들은 이후에…

오랜 기간 병원에 입원하여 치료받고 있는 아이들의 특징을 분석한 한 연구에 따르면, 입원 초기에 많이 울고 화를 밖으로 표출했던 아이들이 시설에 더욱 잘 적응하고, 이후에도 더 평온한 모습을 보였다고 합니다.

이와 반대로 초기에 얌전하고, 침착하고, 협조적이었던 아이일수록 이후에 스트레스, 식이 및 수면 문제, 학습에서의 어려움 등의 징후를 보였다고 합니다.[56] 감정을 외부로 표출하는 것은 생각보다 중요합니다.

🧪🧪🧪 결론

　울거나 소리를 지르는 것은 아이들에게 고통스러운 행위가 아닙니다. 아이에게 진실로 고통스러운 것은 울음과 고함의 원인이 해소되지 않는 데서 오는 불만족입니다. 여러 연구들이 보여주는 것처럼 감정을 겉으로 드러내는 것은 스트레스로부터 인체를 보호하고 긴장을 푸는 일입니다. 이때 주의할 것은, 이런 감정의 표출이 아이에게 유익하다고 해서 반드시 아이 스스로 그 감정에서 벗어나라고 강요해서는 안 된다는 점입니다. 중요한 것은 엄마의 역할입니다. 쪽쪽이를 비롯한 다른 물건들은 잠시 치워두고 아이에게 코르티솔 치료제, 다시 말해 옥시토신을 나눠주세요. 아이를 품에 안고 다정하게 쓰다듬어 주라는 말입니다.

· 5장 ·

관계에 관하여

21

아기띠나 포대기, 캐리어 같은
이동 용품을 맘껏 이용해도 되나요?

찬성 > 엄마 품에 안기거나 등에 업힌 아이는 심리적으로 안정을 느낍니다. 그러므로 포대기나 아기띠, 캐리어 같은 이동(운반) 도구를 적극 활용할 필요가 있습니다. 이때의 애착은 무척 중요하거든요. 몸이 조금 힘들어도 엄마니까 얼마든 가능하다고 생각합니다.

반대 > 하지만 엄마의 몸도 생각해야죠. 그렇게 매일 아이를 품에 안고 등에 업고 다니면 엄마의 등이 구부러지고 말 거예요. 허리는 또 어떻고요. 생각만 해도 무서운 일이에요. 물론 아이가 소중하긴 하지만 엄마의 건강도 중요하다는 걸 기억했으면 해요.

찬성입니다. 그런데 최대한의 효과를 내기 위해서는 한 가지 조건이 충족되어야 합니다. 바로 아기를 안거나 업는 것에 대해 긍정적으로 생각해야 한다는 것입니다. 이 말은 곧 부정적으로 생각하는 사람도 많다는 뜻이죠. 그렇다고 엄마 몸은 중요하지 않다는 뜻이 아니에요. 우리는 지금 아이의 마음을 최대한 안정시키면서 엄마의 건강도 지킬 수 있는 최선의 방법을 찾고 있는 중이니까요.

 상황

생후 9개월 된 밀라를 키우는 엄마는 고민이 많습니다. 밀라가 주변을 탐색하지도 않고, 카펫 위에 놓인 장난감에도 흥미를 보이지 않기 때문입니다. 뿐만 아니라 낯선 사람을 만나거나 누군가가 다가오면 크게 울음부터 터트리지요. 그때마다 엄마는 밀라를 품에 꼬옥 안습니다. 이맘때 낯가림이 나타나는 게 자연스런 반응인 건 알지만 밀라는 워낙 심하다 보니 엄마 입장에선 종종 힘에 부칩니다.

결국 전문가를 찾아가 속마음을 털어놓았습니다. 엄마의 고민에 전문가는 이렇게 제안합니다. "아기띠나 포대기를 이용해보는 건 어때요? 캐리어도 방법이네요. 그럼 밀라에게 안정감도 줄 수 있고 엄마도 지금보다는 한결 수월할 텐데요."

엄마의 생각

사실 잘 모르겠어요. 아이를 안아주는 것은 좋지만, 안고 있을 때는 더없이 행복하지만 가끔 제 몸에 대한 걱정이 드는 것도 사실이에요. 포대기나 아기띠를 둘러도 편안하지 않고 캐리어를 능숙하게 사용하지 못하는 것도 이유라면 이유고요. 사실 지금도 피곤하고 등과 허리가 많이 아파요. 이럴 때마다 부족한 엄마인가 싶어 아이에게 미안해요.

 아이의 생각

엄마는 제가 엄마에게 매우 의존적이라는 사실을 알아챈 거 같아요. 맞아요, 전 음식을 먹고, 마음의 안정을 찾고, 어딘가로 이동할 때, 아니 모든 순간에 엄마를 필요로 해요. 태어나자마자 뛰어다니는 동물도 있지만 인간인 저는 나약하고 불완전해서 그러지 못하거든요. 엄마가 저를 안거나 업어줄수록 제 마음은 안정되고 저는 조금씩 강해져요. 정말이에요. 엄마가 힘들어하는 모습을 보일 때 조금 미안하지만 아기띠에 안길 때, 포대기에 업힐 때 저는 너무너무 좋아요. 엄마와 함께 있을 수 있으니까요. 지난번에도 말했지만 이것도 다 한때라니까요. 그래서 말인데요, 저를 조금 더 안아주세요. 가장 행복한 순간이니까요.

🔓 아이를 안거나 업고 다니는 게 좋은 이유는 무엇인가요?

인간 아기는 안겨서 이동하도록 설계되어 있습니다. 우리의 휴대전화가 충전되어야 하고, 무화과나무는 물을 공급받아야 하는 것처럼 말이죠. 안는다는 건 아이의 기본 욕구를 충족시켜 주는 방법 중 하나입니다. 인간 아기는 다른 포유류에 비해 미성숙하게 태어납니다. 태어나자마자 뛰어다니는 동물과 비교하면 엄청난 차이죠. 심지어 인간 아기는 태어난 지 1년 가까이 되어야만 비로소 자신의 두 발을 이용해 걷기 시작합니다. 그러는 동안 우리의 역할은 아이를 안거나 업어서 이동을 도와주는 것입니다. 아이에게 있어 안아준다는 것이 얼마나 큰 의미인지 확실하게 이해되지요?

그렇다면 인간 아이가 이렇게 미성숙하게 태어나는 이유는 무엇일까요? 사실 엄마 뱃속에 더 머물러 있다 나와도 되는데 말이죠. 그럼 엄마가 힘들여 안고 다닐 필요도 없을 텐데요. 그래서 과학자들은 아주 오래전부터 이 문제를 풀기 위해 노력했습니다. 그리곤 두 가지 가설을 도출했죠. 먼저 첫 번째 이유는 엄마에게 더 머물 경우 커진 뇌와 근육으로 인해 머리가 질을 빠져나오지 못하기 때문입니다. 이건 정말 큰 문제입니다. 두 번째 이유는 2012년 미국국립과학원 회보에 발표된 내용으로, 9개월 동안 성장한 태아가 필요로 하는 에너지가 엄마의 에너지 저장량과 신진대사 능력을 초월하기 때문입니다. 이렇게 되면 엄마가 위험해지지요. 그래서 아이와 엄마 모두를 위해 9개월이 지난 뒤엔 아기가 세상 밖으로 나오기로 한 거죠.

우리는 새끼를 운반하는 포유동물입니다. 출산 후 새끼를 숨기는 토끼, 출생 후에 어미를 졸졸 따라다니는 소, 출산 후 새끼들을 위한 따뜻한 거처를 마련하는 개와 고양이. 하지만 이들과 달리 우리 인간은 새끼를 '운반하는' 포유류입니다. 우리는 숲 한가운데 있는 굴속에 새끼를 숨겨두기보다 원숭이나 캥거루처럼 하루 종일 새끼를 몸에 꼭 붙이고 다닙니다. 그래서 인간의 모유에는 수분이 매우 풍부하고 상대적으로 지질과 단백질 비중은 적습니다. 부모에 의해 운반되는 아기들은 주기적으로 영양분을 제공받게 설계되어 있습니다. 참고로 토끼의 모유에는 수분이 적은데, 이는 어미 토끼가 새끼들을 내버려두고 장기간 토끼 굴을 떠나 있곤 하기 때문입니다. 흥미로운 일이지요?

아이의 전반적인 발달을 촉진합니다. 부모에 의해 운반된 아기는 안심 상태에서 어른의 눈높이, 정확히는 엄마의 시선에서 여러 상황을 경험합니다. 새로운 얼굴을 만나고, 그들과 상호작용을 하고, 자신의 눈높이에서는 경험할 수 없을 삶의 여러 장면들을 관찰하지요. 또한 어른에게 운반되는 과정에서 아이는 전정기관을 자극받고 균형감각도 기릅니다. 자신을 안고 있는 사람의 심장박동과 그 사람이 수다를 떨고, 유행하는 노래를 부르고, 친한 사람과 즐거운 대화를 나누는 과정에서 발생하는 진동을 인식하는 것은 아이의 건강한 발달에 매우 효과적인 자극이 됩니다. 그 외에도 운반 용품이 주는 장점은 많습니다.

- 아이가 더 큰 평안함과 안정감을 느낍니다.
- 사두증(머리 일부분이 비뚤어져 비대칭 형태를 보이는 증상)의 위험이 줄어듭니다.
- 우는 시간이 줄어듭니다.
- 전정기관과 균형 감각이 자극받습니다.
- 정신 운동을 할 수 있습니다.
- 새로운 사람과 접촉할 수 있습니다.
- 사회성이 길러집니다.
- 소화가 잘됩니다.
- 주변을 탐색하는 능력이 좋아집니다.
- 정서적으로 더 안정됩니다.

- 움직임이 자유로워집니다. 아이에게 안정감을 주는 동시에 간단한 집안일을 할 수 있죠.
- 자신감과 자기효능감이 증가합니다. 어른을 신뢰하는 아이는 덜 울고, 덕분에 어느 정도 안심한 상태에서 이동이 가능하죠.
- 애착 관계가 더 좋아집니다. 아이와 신체적으로 가까운 만큼 아이가 느끼는 불편함이나 아이가 보내는 신호에 더 민첩하게 반응할 수 있습니다. 아이는 그런 어른을 신뢰하고, 그런 어른이 곁에 있다는 사실에 안심합니다.

안거나 업어줄 때 아이가 덜 우는 이유는 무엇일까?

1986년, 두 명의 미국 연구자는[57] 아이를 키우는 엄마들을 두 집단으로 나누어 실험을 실시했습니다. 첫 번째 집단에는 평소에 포옹하는 시간 외에 매일 2~3시간 동안 더 아기를 안아주거나 업어줄 것을 요구했고, 두 번째 집단에는 아무런 지시도 하지 않았습니다. 몇 주 뒤, 연구진들이 두 집단 아기들을 분석한 우는 빈도와 시간은 놀라웠습니다. 두 그룹의 우는 빈도는 비슷했지만 시간에서는 큰 차이가 나타났습니다. 매일 2시간 이상 더 안아주거나 업어준 그룹의 아이들은 우는 시간이 무려 43%나 짧았습니다. 1991년의 연구도[58] 비슷한 결과를 말해줍니다. 아프리카 칼라하리의 수렵민족인 쿵족의 아기들은 하루의 대부분을 엄마 등에 업히거나 품에 안겨서 지낸다고 합니다. 이들이 인생에서 우는 일은 거의 없으며, 울더라도 매우 짧게 우는 데(30초 미만) 그치는 것으로 확인됐다고 합니다.

이동(운반) 용품을 이용할 때 몇 가지 주의할 점

• 입을 맞출 수 있을 정도의 높이로 아이를 안으세요. 그렇다고 한 시간에 523번이나 아이에게 입을 맞추라는 말은 아닙니다. 너무 낮지도 높지도 않게 아이의 위치를 잡으라는 말입니다.

- 아이의 기도를 막아선 안 됩니다.
- 아이의 등이 동그랗게 말려야 합니다.
- 아이를 안는 천은 조금 넉넉한 것이 좋습니다. 그래야 아이를 안정적으로 감쌀 수 있습니다.
- 두 팔로 안는 게 더 편하겠다는 생각이 드는 것은 지금 안고 있는 자세가 좋지 않기 때문입니다. 이럴 땐 아기띠나 포대기를 다시 조절하세요.
- 아기를 감싸는 천을 옷이라고 생각하세요. 아이에게 옷을 너무 많이 입히면 덥습니다.
- 아이를 다른 사람들과 마주보는 방향으로 안지 마세요. 아이에게는 커다란 자극이 될 수 있습니다.

올바른 자세로 안아주세요

아이를 안는 자세는 생각보다 중요합니다. 종종 길거리에서 아이를 수직 자세로 세우다시피 한 상태로 다리는 대롱대롱 매단채 사타구니 부위를 떠받치고 다니는 모습을 목격합니다. 끔찍하네요. 이런 잘못된 자세는 아이를 아프게 합니다. 그리고 가능하면 이동 용품은 전문가 또는 기관의 추천을 받은 것을 선택하세요. 추천 받은 것이 꼭 좋은 제품이라고 할 수는 없지만 그렇지 않은 제품에 비해 괜찮을 확률은 높습니다.

- 무리할 필요가 없습니다. 아이의 체중이 증가할수록 당신이 느끼는 부담도 커질 것입니다. 당신의 몸은 소중합니다.
- 아이의 기질과 나이, 새로운 장소를 받아들이는 정도, 가족과 맺는 관계에 따라 아이의 반응도 달라진다는 것을 기억하세요.
- 반복하건대, 아이를 안거나 업는 것에 대한 부담을 갖지 마세요. 30분만으로도 충분합니다.
- 아이는 안도감을 느끼기 위해 어른을 필요로 합니다. 이는 음식을 먹거나 잠을 자는 것처럼 근본적인 욕구라는 걸 기억하세요.

결론

포대기나 아기띠 같은 이동 용품을 이용하는 것은 장점이 많습니다. 물론 엄마의 체력이 받쳐줘야 하는 일이지만 말입니다. 무리하지 않는 선에서 잘 활용한다면 엄마와 아이 사이에 더 큰 사랑이 싹 틀 것입니다.

22

아이와의 스킨십, 얼마나 해야 할까요?
맘껏 해도 되지요?

찬성 > 제 아이폰이 날마다 충전되어야 하는 것처럼 아이는 무한한 사랑과 포옹을 받을 필요가 있어요. 그곳에서 사랑이 퐁퐁 피어나지요.

반대 > 뭐든 과한 것은 모자람만 못합니다. 포옹도 적절한 선을 지키는 것이 중요합니다.

저자의 생각 > 찬성입니다. 애정과 포옹은 아이에게 있어 연료나 마찬가지입니다. 연료가 가득해야 아이의 하루가 행복합니다. 아이에게 맘껏 연료를 보충해주길 권합니다.

상황

유치원에서 올 때부터 루나의 표정이 밝지 않았습니다. 집에 돌아와서도 루나의 표정은 여전히 어둡습니다. 아마도 유치원에서 무슨 일이 있었던 모양입니다. 궁금하지만 엄마는 루나의 마음이 조금이나마 풀리기를 기다립니다. 곧이어 루나의 눈에 눈물이 맺힙니다. 엄마가 그런 루나 옆으로 가 꼭 안고는 젖은 얼굴을 어루만져 줍니다. 루나의 표정이 조금씩 밝아집니다. 엄마는 루나의 뺨에 입을 맞추고 계속해서 볼을 쓰다듬고 조심스럽게 머리를 맞댑니다. 드디어 루나가 울음을 그쳤습니다. 이제 무슨 일이 있었는지 물어봐야겠습니다.

* 사실 루나에게 특별한 일이 있었던 것이 아닙니다. 하루 종일 엄마와 떨어져 있던 것이 화가 났던 것이지요. 하지만 그런 마음도 잠시, 엄마가 안아주는 순간 루나의 마음은 눈 녹듯 녹아내리고 말았습니다.

 엄마의 생각

아이에게 과도한 애정을 보여주는 것이 꼭 좋은 것만은 아니라는 생각이 들 때가 있어요. 그래서 종종 일부러 아이와 거리를 두기도 하지요. 다정한 말이나 미소로도 얼마든 아이에게 애정을 보여줄 수 있으니까요. 조금 이성적인 엄마로 보이지 않나요?

저는 엄마의 사랑, 뽀뽀, 포옹, 손길에서 멀리 떨어진 상태로 유치원에서 많은 시간을 보내요. 포옹 없이 보내는 하루가 얼마나 길고 힘든지 어른들은 잘 모를 거예요. 제 뇌는 열심히 만들어지고 있고, 더 안정적으로 성장하기 위해서는 엄마의 사랑이 필요해요. 물론 유치원 선생님의 말과 미소도 저를 기분 좋게 해요. 하지만 제가 진짜로, 그리고 더 원하는 건 엄마의 몸과 제 몸이 닿는 거예요. 엄마가 저를 계속 만져주고 쓰다듬고 안아줬으면 좋겠어요. 선생님이 안아주는 것도 좋지만 엄마가 안아주는 것이 세상에서 가장 좋으니까요. 그러니 엄마, 고민하지 말고 저를 마음껏 안아주고 만져주세요. 전 언제든 환영이라고요.

🔓 아이들과 포옹하는 것이 중요한 이유는 무엇인가요?

포옹은 아이의 DNA에 긍정적인 영향을 줍니다. 2017년, 미국의 한 연구가가 혁신적인 연구 결과 하나를 증명했습니다. 아기 때 받은 애정이 그로부터 4년이 지난 뒤 아기의 DNA 속에 눈으로 확인할 수 있는 분자 흔적을 남겼다는 사실이었습니다.[39] 이는 (인간에 있어서) 잦은 신체 접촉과 포옹이 개인의 유전자 발현에 깊은 영향을 주고, 아이가 바르게 발달할 수 있도록 돕는다는 사실을 증명한 최초의 연구입니다. 이와 반대로 출생 직후 어른의 손길이 덜 닿고 신체 접촉 횟수가 상대적으로 적은 아기들은 많은 애정을 받은 아기들에 비해 미숙한 생물학적 형태를 보였습니다.

포옹하는 순간 두 사람 모두에게 옥시토신이 분비됩니다. 신체 접촉, 특히 피부와 피부가 닿으면 당신과 아이 뇌의 시상하부를 통해 옥시토신이 합성됩니다. 두 사람 모두에게 이득이죠. 옥시토신은 면역 체계를 강화하고, 염증을 줄이며, 상처 치유를 촉진합니다.

2016년 국제 학술지 《프론티어스 인 이뮤놀로지》에 발표된 한 연구는[60] 옥시토신 분비 체계를 인체의 면역 체계 전체에 포함되는 하나의 장기처럼 여기고 있습니다. 또한 카네기멜론대학에서 실시한 한 연구는 포옹의 효과를 본 개인은 감기에 덜 걸리며, 감기에 걸렸더라도 포옹을 경험했다는 사실로 인해 상대적으로 약한 증상을 보인다고 발표하기도 했습니다. 포옹의 효과는 정말로 대단하네요.

옥시토신은 혈압을 낮춥니다. 스웨덴의 여러 연구에 따르면, 옥시토신은 장기적으로 혈압을 낮추는 경향이 있다고 합니다.[61] 동물에게 옥시토신을 주입한 결과 8일 동안 혈압이 낮아진 것을 확인했습니다. 통증을 줄이는 효과도 있습니다. 2018년 프랑스-독일의 공동 연구에 따르면, 옥시토신은 진통제 역할도 한다고 합니다.[62]

항-스트레스 작용도 합니다. 프랑스-벨기에의 공동 연구진은[63] 옥시토신이 실험 대상의 혈액 내 코르티솔 수치를 낮춘 것을 확인하였습니다. 이 호르몬이 바로 코르티코트로핀계에[64] 작용합니다. 또다른 연구는 옥시토신이 편도체(아주 작은 스트레스에도 패닉에 빠지기 시작하는 우리 뇌의 경보 시스템)의 흥분을 억제한다는 사실을 밝혔습니다. 결론적으로, 스트레스를 받을 때는 아이에게 자낙스(불안 장애 개선제) 한 알을 주는 것보다 포옹을 한 번 해주는 것이 훨씬 좋습니다. 여기에 이견을 가진 분들은 없겠죠?

무엇보다 옥시토신은 애착 관계를 돈독하게 해줍니다. 그래서 '애착 및 사회적 관계 호르몬'이라고도 불립니다. 아이와 포옹하면 사회적 관계 형성은 물론 서로에 대한 신뢰를 쌓을 수 있습니다. 이 중요한 사실을 잊지 마세요.

옥시토신 수치가 높을수록 다정한 공감이 이뤄집니다

2016년의 한 조사는[65] 옥시토신 수치가 높은 성인이 아이들과 적절한 상호작용을 하며, 그렇지 않은 사람에 비해 애정이 넘치고 다정하다는 사실을 증명했습니다. 또 다른 연구팀도 2011년, 옥시토신이 아이의 울음소리에 더 적극적으로 반응하고, 화를 덜 내며, 아이와의 공감력을 높인다는 사실을 밝혔습니다.[66] 또한 연구는 옥시토신이 불안과 분노에 관련된 뇌의 영역(편도체)을 진정시키고, 공감과 관련된 영역(뇌섬엽과 하전두회)을 자극한다는 사실도 강조합니다. 옥시토신 수치가 높은 사람일수록 다른 사람을 잘 믿는 성격을 가진다는 사실도 알려져 있죠. 또한 옥시토신이 풍부한 사람들은 스트레스를 받아도 쉽게 털어내고, 타인과의 신체적 접촉을 긍정적으로 생각하며, 불안감을 덜 느낀다고 합니다. 이와 반대로 옥시토신 수치가 낮은 사람들(어쩌면 고통스럽고 애정이 결핍된 어린 시절을 보냈을 가능성이 높습니다.)은 자연히 타인에게 덜 공감하고, 불안함을 더 많이 느끼며, 스트레스 조절 능력이 떨어지는 경향을 보입니다.

옥시토신 수치를 높이고 싶다면 포옹하세요

여기 재밌는 실험 결과가 있습니다. 사람과 강아지로 하여금 5~24분에 걸쳐 포옹을 하거나 재밌는 놀이를 하게 한 뒤 옥시토신 수치를 측정한 결과 사람과 개 모두 혈액 내 옥시토신 수치가 현저하게 상승했다고 합니다. 더 흥미로운 것은 자신이 직접 키우는 개와 놀이를 했을 때의 수치가 다른 사람이 키우는 개와 놀이를 했을 때보다 더 많이 상승했다는 사실입니다. 개와 사람(두 사회적 포유동물) 사이의 애착 관계가 강할 수밖에 없는 이유를 알 수 있는 실험이네요.

결론

　맞습니다. 아이와의 신체적 접촉, 그중에서도 특히 서로의 피부와 피부가 닿는 것은 아이의 몸 건강을 넘어 마음 건강을 위한 일로, 꼭 필요한 일입니다. 그러니 마음껏 온 마음을 다해 사랑하는 아이를 안아주세요.

23

인사말,
꼭 가르치고 쓰게 해야 하나요?

찬성 > 아주 어린 나이부터 사람은 예절을 배웁니다. 그리고 예절은 기본입니다. 만약 예절을 제대로 가르치지 않는다면 나중에 어떻게 감당하죠?

반대 > 예절을 배우기에 아이들은 너무 어려요. 무슨 뜻인지도 모르는 단어들을 외우고 다니게 가르치는 것은 조금 미뤄도 된다고 봅니다.

저자의 생각 > 꼭 그럴 필요는 없습니다. 인사말은 우리 어른들에게는 당연한 것이지만 아이들에게는 별 의미 없는 추상적인 용어들의 집합일 뿐입니다. 아이에게 '감사합니다', '안녕하세요', '안녕히 계세요', '부탁합니다', '죄송합니다'와 같은 인

174

사말을 쓰게 만드는 것은 교육심리학적으로 아무런 의미가 없습니다. 듣는 어른만 기분 좋은 일이죠. 서두르지 않아도 된다고 봅니다.

 상황

30개월짜리 가스파르와 엠마가 만났습니다. 엄마들이 잠깐 눈을 돌린 사이 가스파르가 불쑥 엠마의 머리카락을 잡아당깁니다. 엠마가 소리를 지르더니 울기 시작합니다. 이 장면을 목격한 가스파라의 엄마가 아이를 붙잡고 이렇게 말합니다. "가스파르, 엠마를 아프게 만들었으니 미안하다고 해야지." 가스파르는 눈을 동그랗게 뜨고 엄마를 바라봅니다. 그리고는 기계적으로 "미안해"라고 말합니다. 하지만 30초가 채 지나기도 전에 가스파라는 또다시 엠마의 머리카락을 잡아당깁니다.

 엄마의 생각

제가 보기에 예절은 교육의 문제예요. 인사를 비롯해 예의 있게 행동하는 것은 매우 중요하죠. 그리고 저는 저희 아이가 예절을 잘 지키고 상대를 존중하는 모습을 볼 때 뿌듯해요. 아이가 다른 아이에게 사과하거나 제가 무언가를 해줬을 때 '고맙습니다'라는 인사를 하면 만족스러워요. 제가 아이를 잘 가르친 것 같거든요.

아이의 생각

저는 엄마를 기분 좋게 만들어주고 싶어요. 엄마가 제게 무슨 말을 하라고 하면, 저는 시키는 대로 해요. 그게 정확히 무슨 뜻인지는 아직 잘 모르지만요. 같은 말을 반복하다 보니 이제는 시키지 않아도 하게 돼요. 예를 들어 엄마가 저에게 밥을 주었을 때 "엄마, 고마워요"라고 말하면 엄마가 미소를 짓는다는 걸 깨달았어요. 그리고 화가 났을 때는 "엄마, 미안해요"라고 하면 다시 미소를 짓고요. 이 말들은 꼭 마법 같아요. 이렇게 말하면 엄마가 실망할 것 같긴 한데, 사실 저는 그 말들이 무슨 뜻인지 잘 몰라요."

유아에게 인사말을 반드시 가르칠 필요가 없는 이유는 무엇인가요?

유아에게 있어 인사말은 추상적이고 이해할 수 없는 용어에 불과합니다. 그 나이대의 아이들은 자신이 손으로 조작할 있는 사물(공이나 장난감 트럭, 그릇 같은)이나 신체적으로 경험할 수 있는 행위(뛰기, 때리기, 던지기)만을 이해합니다. 이와 달리 '안녕하세요', '죄송합니다', '감사합니다'와 같은 인사말들은 다른 차원에 존재하는 말들이죠. 만질 수도, 굴릴 수도, 입에 넣을 수도 없으니까요. 아이는 이 말들을 머릿속에서 연상할 수 없습니다. 우리가 일상적으로 사용하는 '희망하다', '곰곰이 생각하다'와 같은 추상적인 단어들도 마찬가지입니다. 그러니 어린아이들이 그런 말들의 의미를 어떻게 파악할 수 있겠어요?

인사말은 추상적일 뿐만 아니라 사회적 차원에 속하는 말입니다. 이 작은 키워드들은 또 다른 특성을 지닙니다. 미묘한 사회적 감정을 나타내는 것이죠. 누군가에 대한 감사 혹은 인정을 나타낼 때 사용하니까요.

유아는 이런 미묘함을 파악할 수 있을 만큼 아직 성숙하지 않습니다. 평균 만 4~5세 이전의 아이는 '자아 중심적'입니다. 다시 말해, 아직 타인이 자신과는 다른 의도나 신념, 지식을 가지고 있다는 사실을 인식할 능력이 없다는 뜻이죠. 이 능력은 예의로 하는 인사말들을 이해하는 데 꼭 필요한 것으로, '마음 이론'이라고도 불립니다.

유아에게 예절을 가르치는 것은 개에게 앞발로만 걷는 법을 가르치는 것과 같습니다. 다시 말해 아무런 의미가 없다는 뜻입니다. 아이는 자아 중심적인 만큼 말 잘 듣는 작은 로봇처럼 어른의 귀에 듣기 좋은 '죄송합니다'와 '부탁합니다'와 같은 말들을 그대로 따라합니다. 앨리스의 감사 인사는 정말로 고마움이나 존경을 표현하기 위한 게 아닙니다. 그저 주변의 수많은 어른들이 특정한 순간에 그러한 말들을 하도록 요구했기 때문에 했을 뿐이죠. 이는 좋은 교육이나 올바른 교육적 가치의 증거가 아니라 좋은 조건화(어떤 사람들은 훈련이라고도 하죠)의 증거라고 봐야 할 것입니다. 아이는 단순히 주어진 행위와 음절의 연속을 연상시킨 것입니다. 게다가 이런 말들을 가르친다고 해서 앨리스가 성인이 되어 예의 바르고 타인을 존중하는 사람으로 자란다는 보장도 없습니다. 자연스럽게 배울 기회는 얼마든지 있습니다.

아이도 자기만의 방식으로 예의를 차립니다. 아이들은 어른이 사용하는 인사말을 사용하지 않고도 감사를 표현합니다. 태어날 때부터 자연스럽게 표현하고 있죠. 바로 당신에게 미소를 짓고, 당신을 쓰다듬고, 당신의 팔을 붙잡고, 손을 꽉 마주 잡으면서 말입니다. 어떤 아이들은 심지어 당신의 기분을 좋게 만들어주기 위해 가장 소중한 것을 주기도 합니다. 조약돌, 꽃 한 송이, 심지어 코딱지와 같은 것이죠. 그게 고마움의 표시가 아니면 뭘까요?

마음 이론이 무엇인가요?

마음 이론Theory of mind-ToM은 주변인의 마음 상태를 이해하는 아이들의 능력을 가리킵니다. 만 4~5세 무렵, 성숙한 마음 이론을 가진 아이들은 타인의 마음 상태(신념, 욕망, 의도, 감정, 지식 등)가 자신의 것과는 다르다는 사실을 이해하고, 심지어는 주변인의 행동을 예측하기도 합니다. 예를 들면, 아빠가 출근하자마자 아이가 즐거운 표정으로 이렇게 말합니다. "엄마, 오늘 아침에 내가 아빠한테 장난을 쳤어요. 아빠의 휴대전화를 내 소꿉놀이 세트에 있는 플라스틱 채소 더미 속에 숨겨뒀거든요. 아빠는 그것도 모르고 온 집안을 뒤졌어요. 아빠는 내 소꿉놀이 세트를 살펴볼 생각은 못했나봐요."

여기서 두 가지를 살펴볼 수 있습니다. 먼저 아이는 아빠의 마음 상태가 자신의 마음 상태와 다르다는 사실을 이해했고, 더 구체적으로는 자신이 휴대전화를 숨기는 것을 아빠가 보지 못했으니, 휴대전화가 어디에 있는지 알지 못할 거라 이해했습니다. 마음 이론이 성숙한 아이는 아빠가 잘못된 신념을 가질 수 있다는 사실을 생각할 수 있습니다. 두 번째로, 아이는 휴대전화가 어떤 장소에 있을 거라 생각하는 아빠의 신념에 따라 아빠의 행동을 예측했습니다(아빠는 그것도 모르고 온 집안을 뒤졌어요. 아빠는 내 소꿉놀이 세트를 살펴볼 생각은 못했나봐요.).

마음 이론의 초기 신호는 감정 전염(아기가 자신의 울음소리가 아닌 다른 아기가 우는 소리를 듣고 울기 시작하는 것)이나 공동 주의(어른이 바라보는 사물을 아기가 바라보는 것)를 통해 매우 이른 시기부터 나타납니다. 하지만 이 마음 이론 능력은 만 4~5세 전에는 성숙하지 않는다고 합니다. 그리고 이때까지 아이는 예의상의 인사말을 정확히 이해하지도, 그것을 특정한 의도로 구사하지도 못합니다.

스마티즈 상자 실험

아이의 마음 이론을 측정하는 수많은 실험이 있습니다. 많은 실험 가운데 제가 가장 좋아하는 것은 '스마티즈Smarties 실험'입니다.

실험은 아이에게 스마티즈(M&M's와 비슷한 초콜릿 과자) 상자를 주면서 "상자 안에 뭐가 들어 있을 것 같니?"라고 묻는 것으로 시작합니다. 현대 사회의 일원인 아이들은 대부분 곧바로 "스마티즈", "과자", 혹은 "초콜릿"이라고 대답합니다. 가장 자연스러운 대답입니다. 아마 저도 이렇게 대답할 것 같네요. 이때 연구원이 상자를 엽니다. 짜잔~ 그 순간 아이들은 상자 속에서 스마티즈 초콜릿 대신 조약돌을 목격하죠. '이렇게 실망스러울 수가…'.

이제 연구원은 상자를 닫고 이렇게 말합니다. "이곳에 다른 아이가 들어온다고 생각해봐. 내가 만약 그 아이에게 똑같이 이 상자를 보여주면서 그 안에 뭐가 들어 있을지 질문한다면 그 아이는 뭐라고 대답할 것 같니?"

답변은 두 가지로 나뉩니다. 마음 이론이 아직 성숙하지 않은 만 4세 미만 아이는 이렇게 대답할 겁니다. "조약돌이요." 얼마나 순진한지요. 다른 아이가 잘못된 신념을 가질 수 있다고 생각하지 못하는 겁니다. 상자 속에 조약돌이 있다는 사실을 떠올리지 않을 수 없기 때문입니다(이번에도 미성숙한 전두엽 때문입니다.).

정반대로 마음 이론이 성숙한 아이라면 이렇게 대답할 겁니다. "당연히 스마티즈라고 하겠죠. 저처럼 생각할걸요." 이러한 대답은 타인이 잘못된 신념을 가질 수 있다는 것을 아이가 생각할 수 있다는 사실과 타인이 자신과는 다른 마음 상태를 가진다고 생각할 수 있다는 사실을 보여줍니다.

결론적으로 아이가 이 실험을 통과하지 못한다면, 아이에게 공들여 인사말을 가르칠 필요가 없겠죠. 조금 더 기다려도 된다는 말을 하려는 겁니다.

🧪🧪🧪 결론

유아기부터 아이들에게 이런 인사말을 자유자재로 구사하도록 가르치려 애쓸 필요가 없습니다. 아이들의 이해력은 아이의 의지가 아니라 뇌의 발달 정도에 달려 있기 때문이죠. 서두르다가는 당신만 지칠 것입니다.

아이에게 일찍부터 예절을 가르치는 확실한 방법은 바로 당신이 아이가 있는 곳에서 예의 바르게 행동하는 것입니다. 보여주는 것만큼 확실한 방법은 없으니까요.

실수로 아이와 부딪쳤나요? 그렇다면 사과하세요. 아침에 아이와 눈이 마주쳤나요? 이번엔 다정한 미소를 지으며 인사를 건네세요. 아이가 당신에게 무언가를 해주었으면 하나요? '부탁'이라는 예쁜 단어를 사용해보세요. 아이에게 가장 강력한 교육 수단은 바로 모방입니다. 미소 장착하셨나요? 준비됐죠? 그럼 시작하세요.

24

나이에 비해 언어가 서툰 아이, 자극해줘야 하나요?

찬성 > 당연하죠. 가능하면 빨리 자극할수록 언어가 높은 수준으로 발달할 가능성이 높아져요.

반대 > 아이의 속도를 존중하면서 키우는 것이 중요해요. 엄마의 속도에 아이를 맞추려 하지 마세요. 아이가 자극받을 기회는 얼마든지 있으니까요.

저자의 생각 > 200% 찬성입니다. 아기의 뇌는 가소성이 크기 때문에 주변 자극에 특히 영향을 받기 쉽습니다. 그래서 자극하면 할수록 발달합니다. 이는 아이의 학업 성취도, 그리고 성인이 된 후 직업적 성과와도 연결될 가능성이 높다고 합니다. 한마디로 아주 중요한 문제죠.

엄마는 요즘 걱정이 많습니다. 곧 만 26개월이 되는 아들 엔조의 언어 발달 수준 때문입니다. 엔조가 비슷한 개월 수의 다른 아이들에 비해 조금 늦다고는 느끼고 있었지만 얼마 전 친구 아이의 언어 수준을 목격한 뒤로는 더 마음이 쓰입니다.

이런 걱정을 아는지 모르는지 남편은 큰 문제가 아니라는 듯 말합니다. "여보, 우리 엔조 이제 겨우 26개월이야. 아직 더 지켜봐도 된다고. 엔조에게 시간을 주는 거야. 언젠가는 잘하게 될 거라니까." 남편 말대로 좀 더 지켜보면서 지금은 아이의 약점보다는 강점에 집중하는 게 좋은 건지 엄마는 중심이 잡히지 않습니다.

 엄마의 생각

저는 조금 두려워요. 저의 잘못된 판단으로 아이가 더 늦어질까봐요. 그러는 한편 우리 사회가 지나치게 정형화되어 있다는 생각이 들어요. 몇 개월엔 걸어야 하고, 언제쯤이면 말을 해야 하고, 몇 살 즈음엔 이걸 할 줄 알아야 하고 저걸 할 줄 알아야 하고……. 이 과정에서 늦거나 서툰 아이에게 못하는 아이, 늦된 아이라는 꼬리표가 붙는 현실이 슬프네요. 아이의 속도대로 성장할 수 있도록 지켜보는 것 좋죠. 하지만 이렇게 무작정 기다리기엔 제 마음이 편치 않네요.

아이의 생각

저도 제가 원하는 것과 느끼는 것을 더 많은 단어를 사용해서 말하고 싶어요. 하지만 그게 마음처럼 되지 않아요. 단어들이 바로바로 떠오르지 않거든요. 제가 더 말을 잘하기 위해서는 엄마와 어른들의 도움이 필요해요. 엄마와 선생님이 저와 대화하기 위해 들이는 모든 시간들이 제 지능과 기억력을 촉진하고 제 어휘력을 발달시킬 거예요.

🔓 나이에 비해 언어가 서툰 아이를 자극해줘야 하는 이유는 무엇인가요?

자극할수록 아이 뇌에서 언어를 담당하는 영역이 활성화되기 때문입니다. 2018년, 학술지 《심리 과학》에 발표된 한 연구는[67] 언어를 자극하는 방식이 언어에 관련된 뇌 기능(특히 언어와 관련된 부위로 알려진 좌측 실비우스 주위 영역)에 영향을 줄 수 있고, 아이의 언어 능력을 향상시킬 수 있다고 강조합니다.

이 연구의 일환으로 연구진들은 만 4~7세 아동 36명의 언어 능력을 측정하기 위해 이야기를 들려주면서 MRI를 촬영했습니다. 그 결과 아이와 어른 사이에 매일 행해지는 대화가 아이의 언어 수준을 현저히 향상시킬 수 있다는 사실을 밝혀냈습니다. 이와 동시에 연구진들은 아이가 어른과 대화를 나눌 기회가 많을수록 아이 뇌의 브로카 영역(언어와 관련된 영역)이 활성화되고 언어가 더욱 발달한다는 사실을 확인했습니다. 하지만 이 연구에서 가장 유의미한 결과는, 단순히 어휘를 가르치는 것보다 어른과의 대화에 참여하게 하는 게 더 효과적이라는 사실을 밝혀냈다는 데 있습니다. 엄마는 수다쟁이가 되어야 한다는 말이 사실이었네요.

만 3세에 말을 잘하는 아이일수록 학업 성적이 좋을 확률이 높습니다. 2017년 《소아과 저널》에 발표된 한 연구는[68] 아이들의 언어 수준으로 미래 학업 성취도를 예측할 수 있다는 사실을 밝혔습니다. 연구진들은 만 3세 아동 731명을 대상으로 언어 능력을 측정했습니다. 이후 만 5세가 되었을 때의 성적과 만 7, 8, 9세가 되었을 때의 학업 성취도를 과거의 데이터와 비교 분석했습니다.

결론은 명확했습니다. 만 3세 무렵 낮은 수준의 언어 능력을 보였던 아이들은 학습 지연을 보였고 유급 비율도 높았습니다. 성별이나 출신, 가정환경, 부모의 임금 수준, 교육 방식에 상관없이 말입니다. 연구진들은 향후 아이가 특수 교육 상담소를 드나드는 횟수를 줄이려면 언어 문제에 적극 대응할 필요성이 있음을 다시 한번 강조했습니다.

언어를 자유롭게 구사하지 못하는 아이는 또한 이성적 사고, 계획 수립, 억제, 자기통제와 같은 집행 기능이 낮습니다. 자신의 행동과 감정, 타인과의 관계를 조절하는 데도 어려움을 겪는다고 합니다.

여기서 잠깐, 브로카 영역에 대해 좀 더 알아볼까요? 브로카 영역은 신경해부학적으로 특정한 능력과 관련된 뇌의 작은 부분입니다 (여기서는 언어 생성에 관련된 영역이죠). 이에 관련한 과학적 여정은 1861년으로 거슬러 올라갑니다.

당시 머리카락이 듬성듬성하고 수염이 복슬복슬한 신경외과 의사 폴 브로카에게 한 환자가 찾아왔습니다. 그런데 이 환자는 평범한 환자가 아니었습니다. '탄'이라는 말밖에 하지 못한다는 특성을 가지고 있었죠. 다른 말은 하지도, 글을 쓰지도, 생각하는 바를 표현하지도 못했어요.

그런데 정말 놀라운 것은 남들이 하는 말은 전부 알아들었다는 겁니다. '이상하군, 정말 이상해.' 폴 브로카는 환자가 죽은 뒤에 그의 뇌를 뒤져보고 싶다는 은밀한 마음을 품었습니다. 그리고 그 일이 실제로 일어났습니다. 환자가 사망하고, 폴 브로카는 신이 나서 그의 뇌 이곳저곳을 검사했죠. 그리고 뇌의 특정 부위(좌측 하부 전두엽)에서 커다란 손상을 발견했죠.

얼마 뒤, 비슷한 특징을 보이는 환자들을 확인한 그는 뇌 속에서 '언어 중추'를 발견했다고 발표합니다. 그는 약간의 나르시시스트적 성향을 가지고 있었기 때문에 그곳에 자신의 이름인 브로카를 붙였습니다. 그로부터 160년이 지난 지금, 우리는 그에 대해서 이야기하고 있네요. 결국 그는 사람들로부터 잊히지 않는 데 성공한 것 같군요.

성장 환경과 언어의 관계

1995년, 캔자스대학에서 인간 발달을 연구하는 베티 바트는 T. R. 리슬리와 함께《미국 유아들의 일상 경험에서의 유의미한 차이》라는 책을 공동 출간했습니다.

이 책에서 둘은 유아의 언어 발달(어휘 수와 구문의 질)과 부모의 언어 수준의 연관성을 밝혀냈습니다. 부모의 언어 수준은 부모의 학업 수준, 사회경제적 위치와 밀접한 관련이 있었습니다. 아이들은 출신 환경에 따라 아주 이른 시기부터 차이를 보이며, 이후 이것이 커다란 사회적 불평등으로 이어진다는 사실이었습니다.

베티 바트에 따르면 만 3세에 불리한 환경에서 자란 아이들은 유리한 환경에서 자란 아이들보다 3,000만 개의 단어를 더 적게 들었다고 합니다. 이를 '3000만 단어 격차'라고 부르기도 합니다. 정확한 단어 수에 관해서는 연구원들마다 의견이 조금씩 다르지만 유리한 환경과 불리한 환경에서 자란 아이들 간에 격차가 존재한다는 것, 그리고 이 격차가 출생 후 18개월부터 가시화된다는 데는 대부분의 과학자들이 동의했습니다.

결론적으로 유아의 언어 발달을 자극하는 것은 이러한 격차를 줄이는 한 가지 방식인 동시에 불리한 환경에서 자란 아이들의 학업 성취(나아가 직업적 성공)를 향상시킬 수 있는 방식이 될 수 있습니다.

출생부터 벌어지는 격차

1955년, 샌디에이고대학의 인지과학 교수 엘리자베스 바트는 태어난 지 생후 1년이 안 된 아기들에게서 보이는 이해력의 차이에 관한 연구를 발표했습니다. 생후 8개월 아기들 가운데 상위 10%는 대략 90개의 단어를 이해한 반면 80%(평균 수준)는 40개, 하위 10%는 5개의 단어를 이해했습니다. 그리고 이 아기들이 16개월이 되었을 때 격차는 더욱 벌어졌습니다. 상위 10%의 아기들이 이해하는 단어 수는 300개로 늘어난 반면 80%는 200개, 하위 10%는 고작 80개의 단어를 이해하는 데 그쳤습니다.

이런 커다란 차이를 어떻게 설명할 수 있을까요? 원인은 출생 이후 아기에게 주어진 언어 환경의 질에 있었습니다. 이른 시기부터 언어 발달을 촉진해야 할 이유가 다시 한번 확인됐네요.

아이의 언어 발달을 효과적으로 촉진하는 법

- 일방적으로 말하지 않고 대화하기
- 방해 요소가 없는 조용한 방 안에서 이야기 나누기
- 가능하면 주관식으로 답할 수 있는 질문하기
- 질문한 뒤에는 대답할 시간 충분히 주기

- 아이의 대답이 느리다고 답답해하거나 대충 넘어가지 않기
- 아이의 질문에 정성스레 대답해주기
- 아이가 제대로 표현하지 못하는 단어와 문장은 반복해서 알려주기
- '아기 식' 단어들은 가능하면 사용하지 않기(삐용삐용, 멍멍이, 코 자자 등)

우리 아이는 조금 더딜 뿐이다?

종종 우리 아이는 다른 아이들에 비해 조금 느릴 뿐이다. 인내를 갖고 기다리면 될 것이다, 아이마다 다른 속도를 존중해주어야 한다는 이유를 들어 언어 지연을 별거 아닌 일로 여기는 부모들이 있습니다. 하지만 뉴저지 시턴홀대학에서 언어병리학을 연구하는 니나 카포네 싱글톤의 의견은 다릅니다. 그에 따르면 언어 지연을 보이는 시기가 늦을수록 그것이 고착화될 위험도 커집니다. 18개월에 언어 지연을 보이는 아이가 이후 언어 문제를 겪을 거라고 말할 수는 없습니다. 하지만 25개월에 언어 지연을 보인 아이의 30%는 그럴 가능성이 높다고 합니다. 30개월에 언어 지연을 보인 아이의 82%는 만 6세에 평균 이하의 언어 능력을 보였다는 결과가 있습니다.

아이의 언어 기능을 자극하는 방법

- 매일 최소 10분 이상 아이와 대화하기

- 가능하면 자주 눈 마주치기

- 아이의 관심사를 파악하고 함께 놀아주기

- 매일 저녁 잠자기 전에 최소 두 개의 이야기 읽어주기

- 디지털 기기에 대한 노출 최소화하기

- 아이와 함께 있을 때는 음악이나 라디오를 끄고 아이에게만 집중하기

- 아이가 말을 하려 할 때나 어른과 대화할 때는 아이에게 집중하기, 그리고 잘 들어주기

- 아이와 함께 있을 때는 아이가 TV를 보지 않더라도 TV 전원 끄기

- 재촉하거나 다그치지 않기

- 스킨십으로 아이 마음 안정시켜 주기

- 모국어로 말하기 (모국어와 현재 사는 국가의 언어가 다를 경우에 해당)

🧪🧪🧪 결론

　　학술적 관점에서 언어 발달을 촉진하는 것은 바람직합니다. 물론 이러한 개입을 반대하는 사람도 많습니다. 아이 스스로 자신의 속도에 맞게 성장할 수 있도록 내버려두자는 입장이지요. 이러한 주장은 매우 간편합니다. 하지만 문제가 고착화되기 전에 도움을 주는 것, 이것이 바로 우리 어른이 할 수 있는 일입니다.

25

아이와 보육 교사와의 끈끈한 관계, 괜찮을까요?

찬성 > 보육 교사는 또 다른 엄마입니다. 아이와 부모가 떨어져 있는 동안 내 아이를 가장 잘 돌봐주는 분이니까요. 그만큼 제 아이와 관계가 끈끈하다는 뜻인데 괜찮지 않을 이유가 있나요? 그리고 애착은 사랑, 날씨, 정치와 같은 거예요. 통제할 수 없다는 뜻이지요.

반대 > 지나친 애착은 원치 않습니다. 적당한 거리를 두고 중립적으로 아이를 보살펴 주었으면 좋겠어요. 선생님과의 밀접한 관계가 저와 아이의 관계에 영향을 줄 수도 있고, 나중에 헤어지게 될 경우 아이가 그 상황을 받아들이기 힘들어할 수도 있으니까요.

저자의 생각 > 찬성합니다. 보육 교사들은 유아교육계에 발을 들인 순간부터 아이들에게 지나친 애착을 가져선 안 된다는 말을 자주 듣습니다. 하지만 어른과 아이의 애착은 상호적인 관계이자 두 개인 간의 감정입니다. 모든 아이는 낮 동안 자신에게 다정하고 공감해주는 어른의 돌봄을 받을 필요가 있습니다. 그리고 감정은 통제할 수 있는 것이 아닙니다. 다시 말해 선택의 문제가 아니란 뜻이지요. 아이와 보육 교사가 자연스럽고 인간적인 관계를 맺을 수 있도록 지지해주세요.

 상황

샹탈은 요즘 고민이 많습니다. 아이와 어린이집 선생님의 지나친 애착 관계 때문입니다. 요즘 들어 아이의 고집이 강해진 것도 괜히 선생님 탓인 것만 같아 속상할 때도 있습니다. 한편으론 너무 이른 시기에 아이를 기관에 맡겼나 싶어 후회스럽습니다. 아이와 선생님의 관계가 돈독한 것은 고맙지만 이제부터라도 조금 거리를 두고 중립적으로 돌봐달라고 말해야 할까요.

 엄마의 생각

내 아이와 어린이집 선생님의 사이가 돈독한 것은 고마운 일입니다. 제가 함께할 수 없는 시간 동안 엄마처럼 보살펴주니 감사하지 않을 이유가 없죠. 하지만 꼭 장점만 있는 것은 아니라고 봐요. 혹 선생님이 갑자기 그만두

거나 유치원에 가기 위해 아이가 어린이집을 떠나는 상
황도 생각해야 하지 않을까요. 아이도 힘들지만 선생님
도 이별이 힘들 테니까요. 장기적으로 적당한 거리를 유
지하는 게 좋다고 생각합니다.

 아이의 생각

엄마가 없는 동안 저는 선생님에게 엄청 의지해요. 먹고,
마시고, 이동하고, 잠들기 위해선 선생님이 있어야 해요.
선생님 없이 저는 아무것도 할 수 없어요. 제 뇌는 선생님
에게 애착을 느끼고, 선생님도 제게 애착을 느끼게 만들
도록 설계되었어요. 이건 사랑과는 아무런 관계가 없어
요. 누군가에게 애착을 느낀다는 건 도움이 필요한 순간
에 제가 그 사람을 떠올리고, 그 사람을 통해 안정감을 찾
는다는 뜻이거든요. 선생님과 저 사이에는 특별한 감정이
있어요. 그 감정이 저를 안심시켜 준답니다.

 보육 교사와 내 아이의 돈독한 관계를 걱정하지 않아도 되는
이유는 무엇인가요?

하루 중 많은 시간을 함께 보내는 사람에게 애착을 갖는 것은
자연스러운 현상입니다. 애착은 모든 포유동물에게서 나타나는 공통
적인 특징입니다. 새끼 동물, 특히 생존을 위해 어른에게 의존하는 인

간 아기들에게 있어 애착은 무척 중요합니다. 그리고 이는 적절한 돌봄 조건이 갖추어졌을 때 자연스럽게 형성됩니다. 애착 관계가 형성되지 않는 것이 오히려 이상하죠.

아기들은 '귀여워' 보이도록 설계되어 있습니다. 그러니 사람들의 보살핌을 받고, 애착의 대상이 되는 게 당연하지요. 동물행동학자 콘라트 로렌츠의 '우스운 연구들'(1973년에 이 연구로 노벨상을 수상했으니 마냥 우습게 볼 수는 없어요.)에 따르면, 아기들의 몸과 얼굴에 나타나는 어떤 특징들이 우리에게 '귀여워' 보인다고 합니다. 이것은 킨첸체마 Kindchenschema 혹은 유아도해 Baby Schema 라고 불리는 이론으로, 인간 아기나 새끼 고양이, 강아지, 새끼 오리 같이 모든 종의 새끼들이 귀엽게 느껴지는 것을 말합니다. 이 유아도해적 특징에는 볼록한 이마, 커다란 눈, 동그랗고 포동포동한 뺨, 몸에 비해 큰 두개골, 짧고 통통한 팔다리가 있습니다. 디즈니 애니메이션 작가들은 이러한 유아도해의 강력한 힘을 잘 알았는지 인간과 동물 주인공들을 한눈에 귀엽다고 느끼게끔 잘 활용한 것 같네요. 덕분에 시청자들의 마음을 사로잡을 수 있었죠.

이런 신체적 특징은 어른으로 하여금 보호 본능을 불러일으킵니다. 귀여운 데다 연약해 보여서 더욱 그렇죠. 베이징대학교의 연구원들에 따르면 신생아는 생후 6개월에 귀여움이 정점에 이른다고 합니다. 이는 4년 6개월 정도 지속되다가 그 이후부터는 줄어든다고 하네요.

결론적으로 우리는 아기를 보살피고 귀여워하도록 설계되어 있습니다. 아이가 우리를 향해 환하게 웃을 때, 작고 포동포동한 두 팔을 내밀 때, 작은 손으로 음식을 집어 입에 넣는 모습을 볼 때 그러한 감정은 더욱 커집니다.

어른이 애착을 가질수록 아이의 마음은 안정됩니다. 애착 관계는 상호 관계, 즉 쌍방이 느끼는 감정입니다. 애착은 교사와 아이 모두에게서 구별될 수 있는 행동으로 나타납니다. 아이에게 애착을 가지는 어른은 아이의 감정에 더욱 민감하게 반응하고, 더욱 공감하고, 욕구에 더욱 잘 대응할 수 있습니다. 이러한 태도는 아이가 안정적인 애착 관계를 형성하도록 돕습니다. 다시 말해, 아이는 필요할 경우 교사를 신뢰하는 법을 배우게 됩니다. 물론 이 감정은 단숨에 생겨나는 것이 아니라 매일매일 함께하는 과정에서 조금씩 형성됩니다. 참고로 엄마와 갓 태어난 아기 사이에도 마찬가지입니다. 모든 애착 관계는 형성되는 데 시간이 걸립니다.

어른과의 안정적인 애착 관계는 아이에게 중요합니다. 한 명 이상의 교사와 안정적인 애착 관계를 맺은 아이는 주변 환경을 탐색하고, 안심한 상태로 잠들고, 자율성을 키우고, 욕구를 드러내는 데 적극적입니다. 애착 이론을 발전시키는 데 기여했다고 알려진 미국의 심리학자 메리 에인스워스는 어른이 아이의 욕구에 민감하게 대응할 때 아이가 안정감을 느낀다고 증명하기도 했습니다.

양질의 애착 관계는 상호적이고 안정적이며 따뜻한 관계를 맺는 법을 가르칩니다. 부모 외에도 신뢰할 수 있는 사람이 있고, 가족을 벗어나도 믿고 의지할 수 있는 어른이 존재한다는 사실을 아이도 알기 때문입니다.

물론 이것이 전부는 아닙니다. 양질의 애착 관계가 유아기 이후의 삶에도 영향을 준다는 사실을 여러 연구가 말하고 있습니다. 12개월을 전후하여 한 명 이상의 보육 교사와 안정적인 애착 관계를 맺은 아이는 이후 유치원이나 초등학교에 진학해서 다른 아이들과 갈등을 빚을 확률이 낮고 지능 면에서도 뛰어나다고 합니다. 굉장히 고마운 일이네요.

아이가 보육 교사에게 애착을 느낀다는 신호들

- 엄마 품에서 떨어진 아이가 바로 보육 교사의 품에 안기거나 몸이 교사에게로 향한다.
- 어린이집에서 위기감을 느꼈을 때 보육교사를 찾고, 교사의 품에서 안정을 찾는다.
- 보육 교사와 한 공간에 있을 때 아이가 주변을 탐색하면서 편안함을 느낀다.

애착 없이는 소통도 어렵다

아이와 애착이 없는데 어떻게 아이의 욕구와 감정에 더 가까이 다가갈 수 있을까요? 공감이 전제되어야 아이의 욕구가 와 닿고, 그것에 대응할 수 있습니다. 애착이 없다면 소통이 이루어지기 어렵다는 뜻이죠. 애착 없이 소통하길 바라는 건 마치 터널 속에서 전화 통화를 하려는 것과 같습니다. 단호하게 말하면, 불가능하지는 않지만 쉬운 일은 아니라는 의미입니다. 이제 결론이 나오죠? 아이와 보육 교사와의 관계가 돈독하다는 것은 그만큼 적극적으로 소통한다는 의미입니다.

🧪🧪🧪 결론

이제 당신은 보육 교사(또는 어른)와 아이 사이의 애착이 자연스럽고 필수적인 것임을 이해했을 것입니다. 사실 애착은 아이뿐 아니라 어른의 성숙도를 결정하는 요인이기도 합니다. 애착을 표현하는 것은 아름답고 귀중한 것임을 기억하세요.

· 부록 ·

더 생각해볼 문제

26

아이 문제, 보육 교사와 적극적으로 상의해도 될까요?

찬성 > 보육 교사는 내 아이에 관해 가장 솔직하고 정확하게 말해줄 수 있는 사람입니다. 부모가 아이의 상태를 인지하는 시기가 빠르면 빠를수록 대처도 빨라지고 아이가 호전될 가능성도 커집니다. 마음을 열고 적극적으로 상의하는 것이 좋습니다.

반대 > 교사는 심리학자도, 의사도 아니며, 어떤 발달 장애를 진단할 자격이 없습니다. 문제가 있을 땐 전문가를 찾아가는 것이 우선이라고 생각합니다. 상의했다가 자칫 다른 사람들에게 아이의 상태에 관해 소문이 날 수도 있고요. 그건 절대 원치 않는 일이거든요.

저자의 생각 > 찬성입니다. 하지만 조건과 방식을 준수하는 것이 중요합니다. 장애의 진단은 여러 방면에 걸친 장기적이고 획일화된 판단에 기초하여 내려져야지 어떤 경우에서든 가볍게 여겨져서는 안 되기 때문입니다. 하지만 보육 교사는 돌봄 전문가로, 아이에게 나타난 장애의 초기 신호를 감지하기에 최적의 위치에 있습니다. 그런 만큼 부모 입장에서는 교사의 말에 적극적으로 귀를 기울일 필요가 있습니다.

 상황

1년 전, 티투앙을 기관에 보내면서 엄마는 걱정이 많았습니다. 티투앙은 이름을 불러도 반응을 보이지 않았고, 특정한 손동작을 반복했으며, 물건을 나열하거나 쌓는 경향을 보였습니다. 표정 변화도 거의 없었습니다. 맞아요, 다른 아이들과는 달랐습니다.

오늘 저녁, 티투앙의 엄마는 담임교사에게 아이의 상태를 물었습니다. "선생님, 물어보고 싶은 게 있는데요……. 혹시 저희 아이의 손동작을 주의 깊게 보셨을까요? 그 동작이 날이 갈수록 심해지는 것 같아서요." 그 말에 담임교사는 얼버무리듯 답했습니다. "음, 아뇨. 별 생각 안 들던데요……. 아이들이 성장하는 속도는 저마다 다르니까요. 예단하지 마시고 좀 더 지켜보시는 게 좋을 것 같아요.

교사의 생각

어쩌면 티투앙이 보이는 발달에 뭔가 비정형적인 게 있을지도 몰라요. 하지만 그걸 부모에게 말할 것인지 말 것인지는 아직 모르겠어요. 아무도 확신할 수 없는 거니까요. 괜히 부모에게 알렸다가 아이에게 꼬리표를 붙이게 될까봐 걱정되기도 하고요. 성장하면서 괜찮아질지도 모르는 일이고요. 더 솔직하게 말하면, 티투앙의 부모에게 상처를 주고 싶지 않아요. 본의 아니게 제 한마디로 한 가정이 잘못될 수도 있는 문제니까요. 티투앙이 학교에 가기 전까지 있는 그대로 돌보는 게 제 일이라고 생각해요.

부모의 생각

제 아이가 무언가 잘못되어 있다는 걸 느끼고 있어요. 분명 다르거든요. 다른 아이들만큼 반응하지도 않고, 말하는 것도 뭔가 특이해요. 또래 아이들과 어울려 놀기보다는 구석에서 혼자 블록을 쌓는 걸 더 좋아해요. 아이 아빠와 주치의 선생님은 제가 걱정이 많다며 모든 아이는 저마다의 속도로 큰다고 해요. 하지만 이건 그런 문제가 아니에요. 제가 볼 땐 분명 이상하거든요. 그런데 저희 아이에게 뭔가 문제가 있다면 선생님이 제게 분명 말해 줬겠죠?

🔓 아이 문제를 보육 교사와 적극적으로 상의해야 하는 이유는 무엇인가요?

의사들은 아이가 보내는 초기 신호들을 감지할 수 있는 최적의 위치에 있지 않습니다. 하지만 돌봄 시설의 교사들은 매일 오랜 시간을 아이들 곁에서 보내며, 아이를 관찰하고 부모에게 자신이 관찰한 내용을 알리기에 최적의 위치에 놓인 사람들입니다. 게다가 진단은 일찍 내릴수록 좋습니다. 자폐의 조기 신호에 관한 논문을 쓴 루앙대학교의 발달심리학 조교수 쥘리 브리송이 지적한 것처럼 아이의 문제를 일찍 진단할수록 아이에게 적합하고 집중적인 개입을 할 수 있는 시기도 빨라지기 때문입니다. 이렇게 함으로써 아이가 잘 발달하고 우리 사회에 잘 중화될 가능성도 높일 수 있습니다.

아이의 뇌는 어릴수록 가소성이 큽니다. 로베르 드브레 병원에서 자폐스펙트럼 장애ASD의 감지 및 진단과 치료를 전담하고 있는 소아정신과 전문의 나디아 샤반은 AFP 통신과의 인터뷰에서 이렇게 말했습니다.

"우리는 아이의 뇌가 뇌가소성이라고 불리는 기능을 갖고 있을 때 대응합니다. 뇌가소성이란 주변 환경이 아이에게 어떤 것을 가져다주느냐에 따라 스스로 변화하고 새로운 기능에 적응하는 능력을 말합니다." 어린아이에게 제공되는 이러한 자극들을 통해 부족한 점을 보완하고, 소통 능력과 사회성을 높일 수 있습니다.

우리가 생각하는 것보다 훨씬 많은 아이들이 자폐를 앓고 있습니다. 자폐 유병률(자폐스펙트럼 장애를 나타내는 삶의 비율)은 지난 20년 사이 크게 증가했습니다. 통계 연구에 따르면, 다음과 같습니다.

- 아동 150명 중 1명
- 인구의 0.6%
- 프랑스 내 65만 명
- 매년 태어나는 6,000명의 아기
- 유럽 연합국 내 500만 명
- 여아 1명당 남아 3명

그런 만큼 조기 진단은 개개인에게도 중요하지만 국가적으로도 매우 중요한 문제입니다. 빨리 발견하고 진단할수록 재정 및 사회적 비용을 절감할 수 있기 때문입니다.

일찍 알수록 나중에 올 혼란을 빨리 피할 수 있습니다. 2013년, 《프랑스의 자폐증-진단 및 치료 과정》이라는 연구에 따르면 자폐의 최초 신호를 감지한 곳은 대부분 가정이었다고 합니다. 하지만 부모들은 불만을 토로합니다. 의료 기관이 그들의 말을 들어주지 않고, 문제를 진지하게 생각하지 않는다는 이유죠. 프랑스 몽도르 대학병원의 정신의학 전문의 마리옹 르부아이에는 이로 인해 아이의 문제에 대한 상담을 받기까지 오랜 시간이 걸리고, 그로 인해 진단 시기도 지연되고 있다고 지적합니다.

생후 2개월부터 증상이 나타날 수 있습니다

2013년, 《네이처》에 발표된 한 연구에 따르면[69] 사회적 상호작용의 기본 지표인 시선 맞춤이 생후 2개월부터 나빠질 수 있다고 합니다. 이 결과를 도출하기까지 연구진들은 유아 50명으로 구성된 두 집단을 대상으로 출생부터 2년에 걸친 추적 조사를 실시했습니다. 자폐 성향이 있는 오빠나 언니를 둔 아이들로 구성된 집단은 다른 집단에 비해 그 역시 자폐로 발전할 위험이 높았습니다. 연구진들은 '아이 트래킹eye-tracking'이라는 방법을 통해 아이들의 눈이 움직이는 것을 정밀하게 분석했습니다. 그 결과 이후 자폐 진단을 받은 아이들은 상대방의 눈을 제대로 쳐다보지 않는 특성이 있었습니다. 시간이 지나면서 점점 더 시선을 한곳에 두는 것을 어려워했습니다. 쥘리 브리송 역시 자폐 진단을 받은 아이가 있는 가정의 영상을 분석했고, 동일하게 해당 아이들의 시각이 불안정하다는 사실을 발견했습니다.

소아이비인후과 전문의가 부모에게 아이의 청력 검사를 권하는 순간도 중요합니다. 아이의 행동이 '단순한' 청력 문제가 아닐 수도 있음을 부모로 하여금 깨닫게 해준다는 점에서, 전문가와의 상담을 통해 아이에 대해 질문할 수 있도록 해준다는 점에서 그렇습니다.

유의해야 할 신호들

상호작용과 관련된 신호

- 타인을 덜 의식하거나 타인을 찾지 않습니다.

- 상대의 시선을 피하거나 반대로 지나치게 시선을 고정하죠.

- 이름을 불렀을 때 거의 반응하지 않습니다. 이로 인해 청력에 문제가 있다는 인상을 줄 수 있습니다.

- 당신이 아이를 향해 웃어도 아이는 당신을 향해 거의 웃지 않습니다. 상대의 표정과 자신의 표정을 일치시키는 경향도 매우 약합니다.

- 어른에게 함께 놀이를 하자거나 자신이 좋아하는 사물을 보여주지 않습니다.

행동과 관련된 신호

- 극단적으로 조용하거나 반대로 과할 정도로 예민합니다.

- 식사 시간에 입에 숟가락을 가져가도 입을 벌리지 않습니다.

- 기능적 놀이(바닥에 트럭을 굴리는 것처럼 사물의 기능을 사용하는 것)보다 감각을 자극하는 놀이(트럭 장난감을 바닥에 내려치거나 불빛 앞에서 손가락을 움직이는 것)를 더 좋아합니다.

- 몸을 좌우로 흔들거나 손을 치는 행동을 반복합니다.

- 좀 더 성장한 뒤에는 위험한 행동을 합니다. 하지만 그것이 위험하다는 사실을 인지하지 못합니다.

소통과 관련한 신호

- 거의 혹은 전혀 재잘거리지 않습니다.
- 생후 18개월 전까지 말을 하지 못합니다.
- 좀 더 성장한 뒤에는 아무런 의미가 없는 문장의 끝말을 기계적으로 반복합니다(반향언어).
- 목소리 톤이 비정형적입니다. 마치 로봇 같습니다.

자폐라는 판단을 내리기에 15분이라는 진료 시간은 짧습니다

소아과 전문의는 자폐를 조기 검진하고 진단하는 데 중요한 역할을 합니다. 하지만 자폐 증상을 식별해내기에 10분이라는 진료 시간은 터무니없이 짧습니다. 이것이 브리검영대학교 장애인 센터의 테리사 가브리엘슨의 지도하에 진행된 북미 연구팀이[70] 내린 결론입니다.

이 연구는 전형적인 자폐 증상을 보이는 아이들을 포함 생후 15~33개월에 해당하는 42명의 유아를 대상으로 진행되었습니다. 자폐 전문 심리학자들로 구성된 연구팀은 아이들을 10분간 촬영한 영상을 분석했습니다. 연구의 목적은 소아과 진료에서 발견하지 못한 자폐 아동의 수를 파악하는 것이었습니다. 10분이라는 진료 시간 동안 아이들 중 89%가 자폐스펙트럼 장애의 전형적인 행동을 보였습니다. 하지만 이들 중 39%는 전문가에 의해 자폐 아동으로 식별되지 못했죠.

이 연구가 말하고자 하는 것은, 전문가들도 자폐 신호를 확실하게 감지하기가 쉽지 않은 만큼 일상적인 진료로는 정확한 진단을 내리기가 어렵다는 것입니다. 다시 말해 증상을 정확히 진단받지 못하는 아이들이 더 많고, 이로 인해 조기 치료를 받을 기회를 놓치고 있다는 뜻입니다. 단순 진료로는 부족합니다. 연구진들은 매일 아이 주변에서 시간을 보내는 돌봄 전문가들을 조기 검진에 포함시켜야 한다고 주장합니다.

아이에 대해 처음으로 경고해준 건 담임교사였어요

제 아들은 12개월까지는 정상적인 발달 수준을 보였고, 그 이후로 의심스러운 신호가 나타났어요. 남편과 저는 이상하다고 느꼈지만 그게 정확히 무엇인지는 알지 못했어요. 첫째 아이다 보니 제대로 판단할 수 없었던 거죠. 저희 아이가 조금 다르다는 걸 처음으로 경고해준 건 어린이집 선생님이었어요. 의사도, 우리가 만난 심리상담사도 우려를 나타내지 않았을 때죠. 그들은 그저 아이가 동생을 질투한다고 했어요. 하지만 우리 부부는 인터넷을 검색하고 상의한 끝에 자폐 전문 정신과 전문의를 방문했죠. 그는 곧바로 병을 진단했어요. 당시 아들은 만 2세였어요. 처음 의심이 든 이후로 1년이 넘는 시간을 허비한 거죠.[71]

아이의 장애를 받아들이는 것은 고통스러운 일입니다

의사가 진단과 함께 아이의 장애를 언급하는 순간부터 긴 여정이 시작됩니다. 처음의 충격이 가시고 나면 분노를 표출하지요. 그다음으로는 거부, 고립, 우울의 시기가 찾아옵니다. 마지막으로 수용, 재구성, 해결책 모색을 위한 단계를 겪습니다. 물론 모두가 이러한 과정을 겪는 것은 아니며, 개인에 따라 다릅니다. 하지만 공통적인 부분도 있습니다. 누군가 이야기를 들어주고, 자신을 이해해주고, 자신의 속도에 맞춰 동행해주길 바라는 거죠. 어떤 부모는 불공평하다고("왜 내 아들이지? 왜 우리에게 이런 일이 일어났지?") 호소하고, 어떤 부모는 죄책감("임신했을 때 그 일 때문인 걸까?")에 힘들어합니다. 장애의 원인을 찾겠다고 나서는("어떻게든 원인을 찾아야겠어.") 부모도 있습니다.

신경다양성: 다름이 곧 결함은 아닙니다

개개인의 다름이라는 문제는 자폐스펙트럼 장애, 즉 신경다양성과 관련된 논란의 중심에 자리합니다. 1998년, 하비 블룸의[72] 기사 《신경다양성Neurodiversity》에서 대중적으로 등장한 신경다양성의 개념에 따르면, 다수와 구별되며 표준에서 벗어난 기능을 가진 개인들은 결함이 있는 것이 아니라 '신경 비정형적'인 사람들이라고 합니다. 생물다양성과 비슷한 맥락으로, 신경다양성은 다양한 신경학적 기능을 포함하는 인간의 신경학적 다양성을 가리킵니다.

자폐스펙트럼 장애를 가진 사람은 결함이 있거나 불완전한 존재가 아닙니다. 그들은 단순히 '신경 전형적인' 사람들과 다른 정신적 기능을 나타내는 것뿐이죠. 이는 몬트리올대학의 연구원이자 활동가인 미셸 도슨을 비롯한 수많은 단체와 과학자들의 주장이기도 합니다.[73]

"제가 당신의 언어를 배우지 못하는 것은 결함처럼 여겨지는 반면, 당신이 제 언어를 배우지 못하는 것은 완벽하게 자연스러운 것으로 여겨진다는 사실이 정말이지 흥미롭습니다. 사람들은 저와 같은 사람들을 미스터리하고 일탈적이라고 여기죠. 다른 사람들을 일탈적이라고 여기는 것 대신에 말이에요……."

🧪🧪🧪 결론

하루 종일 아이와 많은 시간을 보내는 보육 교사들의 감은 대부분 정확합니다. 정상적으로 발달하는 아이를 두고 자폐를 의심하는 일은 매우 드물지요. 아이의 특별한 면을 지적했다는 이유로 어떤 가족은 교사를 원망하곤 합니다. 하지만 시간이 지나고 난 뒤에는 어려운 일에 용기를 내준 선생님께 감사할 것입니다.

27

보육 기관에 아이의 사진이나 영상을 보내달라고 요구해도 될까요?

찬성 > 바쁜 일상 중 블록을 쌓는 아이의 사진을 보았을 때, 친구들과 어울려 노는 모습을 보았을 때의 기쁨은 무엇으로도 표현할 수 없어요. 솔직하게 말하면 더 많은, 아니 아이의 모든 순간을 사진과 영상으로 보고 싶어요.

반대 > 그렇게 되면 아이는 하루 종일 카메라 액정만 쳐다보고 있는 어른과 시간을 보내게 되는 셈입니다. 보육 시설에서 시간을 보낼 때만큼은 디지털 홍수에서 소중한 아이들을 보호하는 것이 더 중요하지 않을까요?

저자의 생각 > 반대에 가깝습니다. 이 문제는 엄마들 사이에서도 의견이 분분하지만 보육 교사들 사이에서도 논란이 많은 주제입니다. 사실 부모님 입장에서는 굉장히 즐거운 일이죠. 사진과 영상을 통해 아이가 하루를 어떻게 보냈는지 알 수 있으니까요. 회사일과 집안일로 힘들고 지친 시간에 자식의 사진을 받고 기뻐하지 않을 사람은 없을 거예요. 게다가 매일 사진과 영상을 보내주는 선생님의 정성에 보육 기관에 대한 신뢰와 소속감도 높아지겠죠. 하지만 다른 한편으로는 교사들이 사진 기사가 되어 버리는 문제가 생깁니다. 이 말인즉 선생님이 아이들과 연결되는 것이 아니라 디지털 기기와 연결된다는 거죠. 선생님은 한 명이지만 아이는 여러 명이고, 여러 부모님들의 요구를 만족시키기 위해 선생님은 하루 종일 사진을 찍어야 할 수도 있습니다.

 상황

목요일 오후 5시. 퇴근길에 아이를 데리러온 가브리엘의 아빠가 묻습니다. "선생님, 오늘은 가브리엘 사진을 안 보내주셨던데, 무슨 일이 있었나요? 오늘은 특별한 일이 없었나 보죠?" 놀란 선생님이 답합니다. "아뇨, 아뇨. 오늘도 많은 걸 했답니다. 사진 찍을 시간이 없었던 것뿐이에요!" 그때 뒤에 있던 루안의 엄마가 끼어들며 눈치 없이 말합니다. "저는 오늘 사진 받았는데……." 그 말에 가브리엘 아빠의 표정이 굳습니다. "아…, 좋겠네요… 가브리엘, 이리와. 집에 가자."

교사의 생각

학부모에게 아이들 사진을 보내주는 게 하루 일과 중 꽤 큰 비중을 차지해요. 덕분에 제 휴대전화 사진첩은 아이들로 가득하답니다. 다행히 스마트폰 덕분에 바로 찍어서 보낼 수 있긴 하죠. 종종 이 일이 일종의 의무가 되어버린 것 같아 조금 힘들 때도 있답니다. 하지만 자신의 아이들이 하루를 어떻게 보내는지 궁금해하는 부모님들의 마음을 아는지라 끊을 수는 없어요.

부모의 생각

낮에 제 아이의 사진을 받아보는 게 정말 좋아요. 회의나 업무 중간에 슬쩍 휴대전화를 열어 아이가 웃는 사진이나 영상을 보고 나면 순간적으로 힘이 솟아나거든요. 마치 구름 속에서 햇살이 불쑥 얼굴을 드러내는 것 같아요. 가브리엘을 보육 기관에 맡기면서 걱정이 많았던 것이 사실이에요. 하지만 이렇게 사진을 보내주니 부모 입장에선 기분 좋은 일이죠. 조금 과장하면 아이 사진에 중독됐어요. 사진이나 영상이 오지 않는 날에는 궁금해서 참을 수가 없어요. 아이가 좋지 않은 하루를 보낸 건 아닌지, 그래서 선생님이 다른 활동을 하지 못하고 아이를 달래는 데 더 많은 시간을 쏟은 건 아닌지, 가브리엘이 좋아하는 활동을 하지 않은 건 아닌지, 아니면 피곤하거나 몸 상태가 좋지 않아 사진 찍을 의욕이 없었던 것은 아닌지 별 생각을 다하게 돼요. 그리고 또 하나, 다른 부모는 사진을 받는데 저는 받지 못했다는 사실을 알게 된 날은 마음이 상해요. 선생님이 제 아이이게 관심을 덜 주는 게 아닌가 싶어서요.

🔓 보육 기관에 아이 사진이나 영상을 요구할 때의 장단점은 무엇인가요?

장점 한 가지, 기관에 대한 신뢰감이 높아집니다. 아마 대부분의 부모가 아이를 시설 또는 누군가에게 맡길 때 걱정이 많을 것입니다. 하지만 걱정과 달리 아이가 돌봄 시설에 잘 적응하고 즐겁게 지내는 모습을 보면 안심이 됩니다. 이런 상황에서 아이의 하루를 사진이나 동영상을 통해 구체적으로 확인한다는 것은 부모의 불안을 해소해줄 수 있는 가장 좋은 방법이죠. 선생님이 아이 사진을 보내올 때마다 당신은 아이가 괜찮은 하루를 보내고 있다고 생각할 겁니다. 그렇죠?

하지만 단점이 더 많습니다. 먼저 디지털 기기는 선생님의 시간을 빼앗아갑니다. 매일 아이 한 명 한 명의 사진을 찍고 골라서("아이고, 아이가 움직여서 사진이 흔들렸네. 다시 찍어야겠다.") 문자나 모바일 애플리케이션을 통해 부모들에게 파일을 전송하는 시간은 상당합니다. 여기서 중요한 것은 내 아이 '한 명'이 아니라 반에 있는 '(거의) 모든 아이들'의 사진을 찍어 같은 일을 반복해야 한다는 것입니다. 다 합치면 꽤 많은 시간이 되겠죠.

선생님이 아이들과 보내는 시간도 빼앗습니다. 사진을 찍기 위해 동원되는 시간은 선생님이 아이들과 함께하는 시간도 '빼앗아'갑니다. 아이들에게 이야기 하나를 더 들려주거나, 유리를 포옹해주거나, 나탄과 대화를 좀 더 나누는 데 할애할 수 있는 시간을 빼앗는 셈이죠.

디지털 기기는 주의력을 흐트러뜨립니다. 디지털 기기를 주기적으로 사용하게 되면 주의력이 줄어들고, 도파민으로 활성화되는 뇌의 체계, 즉 중독적인 행동을 유발하는 원인인 보상 및 쾌락 회로를 과도하게 자극할 수 있습니다. 디지털 기기에 중독되는 이유가 바로 여기에 있습니다. 디지털 기기의 과도한 사용은 몸과 마음을 피곤하고 과민하게 만들기도 합니다. 이렇게 되면 아이들을 돌볼 힘도 줄어들겠죠.

디지털 기기를 사용하는 동안 아이들에게서 시선이 멀어집니다. 2018년 미국 버지니아대학의 연구진들이[74] 사람들의 상호작용에 디지털 기기가 미치는 영향을 조사했습니다. 대상은 평균 나이 30세의 성인 304명으로, 연구진들은 이들의 식사 시간을 정밀하게 분석했습니다. 실험자들을 두 그룹으로 나누어 첫 번째 그룹에는 식사를 하는 동안 식탁 위에 휴대전화를 두도록 했고, 두 번째 그룹에는 식탁에서 휴대전화를 치우게 했습니다. 그런 다음 참가자들로 하여금 식사하는 동안 나눈 대화를 평가하는 설문지를 작성하게 했습니다. 결과는 어땠을까요? 휴대전화를 식탁에서 치운 두 번째 그룹의 참가자들이 다른 참가자들과 더 많은 상호작용을 했다는 결과가 나왔습니다.

이 실험을 통해 연구진들은 스마트폰이 성인의 주의를 빼앗고 그곳에 있는 다른 사람들과 교류하면서 느끼는 사회적 즐거움을 제한한다는 결론을 내렸습니다. 이는 손이 닿는 곳에 휴대전화를 두고 있는 교사들에게도 똑같이 해당합니다. 디지털 기기는 보육 교사의 주의를 다른 곳으로 돌리고, 자신이 돌보는 아이들에게 집중하지 못하게 하며, 궁극적으로 아이들의 욕구에 덜 대응하게 만듭니다.

디지털 기기는 아이와의 상호작용을 방해합니다. 아이들은 자신을 돌봐주는 어른과의 사회적 관계를 갈구합니다. 그래서 끊임없이 시선을 끌고, 옹알거리고, 미소를 짓고, 몸을 움직이죠. 많은 심리학자들이 신생아와 성인이 지속적인 상호 동기화 능력을 가지고 있다는 사실을 강조합니다. 출생 이후, 어른은 거의 자동적으로 아기의 행동에 반응합니다. 신생아가 자기 표현을 할 때마다 웃어주고, 말을 걸며, 옹알이로 대꾸합니다. 신생아 역시 어른에게 반응합니다. 연구진들은 이를 두고 출생 직후부터 어른과 신생아가 '대화'를 나눈다고 말하기도 합니다. 그리고 어른과 아기 사이의 이런 교류는 애착 관계를 형성하는 데 매우 중요한 역할을 합니다.

그렇다면, 어른이 아기보다 디지털 기기에 더 많은 주의를 쏟고 있다면 무슨 일이 벌어질까요? 디지털 화면과 접촉하면서 어른은 아기에게 부적절한 신호를 보내게 됩니다. 얼굴에서 감정이 느껴지지 않거나, 얼굴 표정이 상황과 괴리를 보이죠. 예를 들면 아기는 우는데 어른은 웃는 식입니다. 아기는 이를 어떻게 이해할까요? 거의 이해하지 못합니다. 그리고 이런 상황은 아기를 불안하게 만듭니다. 그래서 어른의 주의를 되찾아오기 위해 평소보다 더욱 불안정한 모습(몸을 떨거나 우는 등)을 보이죠. 혹은 정반대로 움츠러들기도 하는데, 이러한 행동 유형은 1970년대에 트로닉이 실시한 '무표정' 실험에서도 나타납니다.

사진이나 영상을 찍으면 아이가 자유롭게 주변을 탐색하는 것을 방해할 수 있습니다. 어떤 어른들은 사진이 얼마나 잘 나왔는지를 아이의 자유보다 우선합니다. 그렇다 보니 보육 교사의 입장에서는 사진을 찍는 동안 아이를 향해 웃으라거나 움직이지 말라는 등의 요구를 하게 되죠. 이런 모습을 볼 때마다 궁금합니다. 과연 이게 아이를 위한 일일까요? 그렇다면 태블릿은 괜찮을까요? 수년 전부터 돌봄 시설에서 사용되기 시작한 터치식 태블릿 또한 마찬가지입니다. 태블릿을 비롯한 디지털 기기들이 여러 면에서 편리하고 활용 범위가 넓은 것은 사실입니다. 그만큼 단점도 많습니다. 하지만 앞 다투어 생겨나고 있는 어린이집 전용 애플리케이션들을 보면 유행은 앞으로도 계속될 것 같군요.

무표정 실험

발달심리학자 에드워드 트로닉이 고안한 '무표정 실험'은 아기와 부모(평소에 아기를 돌봐주는 모든 어른으로 일반화할 수 있다.) 간 동기화의 중요성을 강조합니다.[75] 이를 다음의 세 단계로 나눌 수 있습니다.

- **첫 번째 단계**: 즐거움과 기쁨을 나눕니다. 엄마와 아기가 함께 긍정적이고 서로에게 유익한 방식으로 교류합니다. 두 사람의 행동은 동기화되어 있습니다. 어른과 아이는 교류하는 것에 대한 즐거움과 기쁨을 표현합니다.
- **두 번째 단계**: 엄마의 얼굴이 갑자기 무표정해집니다. 엄마와 미리 상의한 신호(책상 내려치기)를 연구원이 보내자 엄마는 돌연 태도를 바꿉니다. 엄마가 지켜야 할 규칙은 간단합니다. 무표정한 얼굴로 아이가 어떤 행동을 해도 반응을 보이지 않는 것입니다. 아이는 초반에는 계속해서 즐거워합니다. 엄마를 향해 웃고 옹알이를 하며 엄마와 다시 연결되기 위해 노력합니다. 그러나 무표정의 시간이 길어질수록 아이는 일종의 과민한 반응을 보이기 시작합니다. 울고, 소리를 지르고, 팔과 다리를 충동적으로 흔들어대죠. 심지어는 움츠러들어서 자신의 손과 발을 가만히 바라보거나, 엄마를 전혀 신경 쓰지 않는 모습을 보이기도 합니다.

- **세 번째 단계:** 휴우, 엄마가 표정을 되찾았습니다. 연구원이 신호를 보내자 엄마가 다시 아이를 향해 기쁨을 표현하기 시작합니다. 아이에게 반응을 보이고, 웃어주고, 말을 겁니다. 이 경우 일반적으로 엄마와 아이가 다시 빠르게 연결되는 모습을 볼 수 있습니다.

실험 결과가 무엇을 의미하죠?

아기는 엄마의 무표정하고 무감각한 태도에 불안을 느낍니다. 그래서 저항하고, 울고, 소리 지르고, 엄마의 관심을 다시 되찾으려 노력하다가 결국에는 움츠러듭니다. 사실 이는 산후우울증 연구에 많이 사용되었던 과정입니다. 실제로 우울증을 겪는 엄마들은 아기와 동기화되는 데 어려움을 보이고, 무표정한 얼굴이 쉽게 드러나는 경향이 있다고 합니다. 안타깝게도 이는 아기를 위축되거나 움츠러들게 하는 행동을 유발할 가능성이 있습니다.

돌봄 시설에서의 디지털 기기 사용과 무슨 상관이죠?

'곁에 있지만 없는', 다시 말해 물리적으로는 곁에 있지만 디지털 기기에 푹 빠져 있는 보육 교사의 시선을 끌기 위해 노력하는 아기는 동기화 부족에 의한 불안함을 느낍니다. 이러한 상호작용의 부재가 지속적으로 반복되면 아이와 어른 간의 상호 애착 관계가 형성되는 것을 방해할 수 있습니다.

휴대전화는 어른을 '곁에 있지만 없는' 사람으로 만들 수 있습니다

"휴대전화는 그것을 사용하는 사람의 주의를 앗아가는 동시에 당신을 곁에 있지만 없는 사람으로 만들 수 있습니다. 아이들은 마치 우울증을 겪거나, 사랑하는 사람을 잃었거나, 부부 싸움을 후 정신을 차리지 못하는 부모를 마주했을 때처럼 혼란스러워합니다. 이렇게 무언가 잘못된 상호작용으로부터 아이가 배우는 것은, 아무도 자신에게 반응을 보이지 않는다는 사실과 아무리 애써도 들어주는 사람이 없다는 사실뿐입니다. 어린아이는 발달하기 위해 어른과 눈을 맞추고 소통할 필요가 있습니다. 누군가 자신을 향해 무표정한 얼굴을 보일 때 아이는 매우 큰 혼란에 빠집니다."

프랑수아-마리 카론, 소아과 전문의[76]

아이와 상호작용을 하면서도 휴대전화에 집중하고 있는 부모들

2015년, 보안 소프트웨어 업체 AVG 테크놀로지가 6,117명의 부모를 대상으로 연구를 실시했습니다. 그중 50%의 부모가 아이와 소통하는 도중에 스마트폰에 주의를 기울인다고 털어놓았고, 무려 28%는 아이와 놀이하는 도중에도 스마트폰을 사용한다고 대답했습니다. 이 수치를 유아를 기르는 모든 사람들에게 적용할 수는 없지만 이런 질문은 할 수 있습니다. '스마트폰을 자유롭게 사용할 수 있는 상황에서 아이와 놀아주는 데 온전히 집중할 수 있는 사람이 몇이나 될까요?'

디지털 기기에 대한 본능적 욕구는 부모만의 전유물이 아닙니다. 이 문제는 아이와 소통하는 모든 어른들과 관련되어 있는 만큼 진지하게 다뤄져야 합니다.

🧪🧪🧪 결론

반복하건대, 이 문제는 겉으로 보이는 것보다 훨씬 복잡합니다. 장점도 있지만 단점도 있습니다. 즉 아이의 부모에게는 기쁜 일이겠지만 아이에게는 그렇지 않을 수도 있습니다. 중요한 것은 학부모와 아이의 적당한 균형점을 찾는 것입니다. 하지만 무엇보다 고려해야 할 것은 학부모가 아니라 아이의 안전과 행복이라는 사실을 잊지 마세요.

28

학부모의 교육관이 부적절할 때 솔직하게 말해줘야 할까요?

* 이번 장은 보육 교사의 입장에서 서술한 글입니다. 하지만 학부모의 입장에서도 함께 생각해볼 문제입니다.

찬성 > 돌봄 교사의 첫 번째 역할은 아이에게 도움을 주는 것입니다. 부모님의 생각이나 교육관에 문제가 있거나 잘못된 부분이 있다고 판단될 때는 정확하게 말해주어 바로 잡을 수 있도록 해야 합니다.

반대 > 돌봄 교사가 가정의 교육 방침에 끼어든다거나 조언하는 게 망설여지는 건 사실입니다. 아이에게 있어 어쨌든 제1의 교육자는 부모니까요. 각자 자신의 입장에서 최선을 다하는 게 좋다고 생각합니다.

저자의 의견 > 찬성하는 입장입니다. 아이들 가정에 특공대를 보내라는 게 아니에요. '출동! 소방관 샘'이 나오는 TV 앞에 아이들을 내버려둔 부모에게 존중과 배려를 담아 그들이 취하는 육아 방식이 아이들에게 별로 좋지 않다는 사실을 알려주라는 말입니다. 이는 돌봄 전문가로서의 임무이자 아이를 위하는 것이 최우선이 되도록 부모를 이끌어주는 것입니다.

 상황

보육 교사인 요아나는 오늘도 플로라의 아빠와 마주하는 것이 두렵습니다. 잠깐 주의를 기울이지 못한 사이 플로라가 오늘도 친구들의 몸을 깨물었거든요. 친구를 또 깨물었다는 사실을 알면 플로라의 아빠는 분명 플로라에게 엄청난 화를 내고 벌을 줄 거예요. 지금까지 그런 모습을 자주 봐왔기 때문입니다.

지난 회의 때, 교사들이 이 문제를 두고 토론했습니다. 한 교사는 이렇게 외쳤습니다. "계속 이래선 안 돼요. 플로라의 아빠에게 그래선 안 된다고 확실하게 말해줘야 해요." 그 말에 다른 교사가 반대하며 이렇게 말했습니다. "안 돼요. 플로라가 친구들을 깨물어도 아빠한테는 말하지 않는 게 좋겠어요. 그러면 벌을 받지 않을 테니까요." 요아나도 자신의 의견을 말합니다. "그렇긴 하지만 그럼 문제가 해결되지 않습니다. 갈등을 회피하는 것밖에 안 돼요."

하원 시간이 다가올 무렵, 플로라의 아빠가 불쑥 어린이집에 도착했습니다. 그러고는 오늘도 플로라가 친구들을 물었는지 요아나에게 묻습니다. 학부모의 갑작스런 등장에 요아나는 머뭇대며 말합니다. "아뇨, 아뇨. 플로라는 오늘 완벽했어요. 하루를 아주 잘 보냈죠!"

 교사의 생각

플로라 아빠의 교육 방침이 아이의 행복과 발달에 이롭지 않다는 사실을 잘 알고 있어요. 이런 상황이 지속되다 보면 플로라에게 상처가 될 것이고, 플로라의 정서가 망가질 수도 있어요. 하지만 이 말을 차마 플로라의 아빠에게 할 수는 없어요. 플로라 아빠가 다가오면 몸이 굳어버려요. 왜냐고요? 그를 비난할 정당성이 제게는 없다는 생각이 들거든요. 교육 방침에 관한 권한은 가족에게 있잖아요. 전문가로서 부모가 건네는 바통을 이어받아야 할 뿐 우리의 시각을 강요할 수는 없으니까요. 제 의도와 다르게 받아들일까봐 겁이 나는 것도 사실이에요. 다시는 우리에게 플로라와 관련된 질문이나 얘기를 하지 않을까봐서요. 저를 공격하거나, 상관없는 일에 개입하지 말라고 비난할 수도 있고요. 전 어떻게 해야 하죠?

플로라 아빠의 생각

어렸을 때 저는 말썽꾸러기였어요. 그래서 다시는 말썽을 부리지 말라며 제 부모님은 저를 많이 때리셨죠. 어두운 방에 가두거나 제가 공포에 질릴 때까지 호통치시기도 했어요. 저는 그렇게 성장했어요. 그리고 그것이 저를 강하게 만들었고요. 제 부모님이 그렇게 하신 건 전부 저를 위한 거였어요. 제가 지금 플로라에게 엄하게 구는 것도, 따지고 보면 전부 딸을 위한 거예요. 아이가 책임감 있고 규칙을 잘 지키는 어른으로 성장하게 하기 위함이죠. 저는 제 딸을 사랑하고 존중해요. 언젠가 제가 더 나은 방식으로 자랄 수 있게 자신을 도왔다는 사실을 딸도 알게 될 거예요.

 플로라의 생각

화가 난 아빠의 얼굴을 볼 때마다 무서워요. 아빠가 감정을 통제하지 못해 제게 화를 내거나 몸을 때릴 때는 겁나고요. 제 작은 뇌는 아빠의 폭력으로 손상을 입었어요. 다른 친구들과 있을 때 공격성을 통제하기 어려운 것도 사실은 이 때문이에요. 그런데 아빠는 절 아프게 하려는 게 아니래요. 아빠가 겪은 걸 제게 똑같이 하는 것일 뿐이래요. 누구도 아빠에게 저를 다르게 다루는 법을 가르쳐주지 않은 거 같아요. 그래서 저는 선생님의 도움이 필요해요. 선생님은 제 곁에서 온종일 함께 시간을 보내잖아요. 아빠가 저를 조금씩 파괴하고 있다는 사실을 선생님이 알려줘야 해요. 선생님 말고 누가 그렇게 해줄 수 있겠어요?

🔓 학부모의 교육관이 부적절할 때
그걸 솔직하게 말해줘야 하는 이유는 무엇인가요?

교사의 역할은 아이에게 이로운 방향으로 부모를 이끌어주는 것이기 때문입니다. 유아 돌봄 시설은 육아에 있어서 예방과 지원, 동행을 돕는 특권을 가진 기관입니다. 아동 권리에 관한 국제 협약CRC은 부모의 직무를 지원하는 것이 아이의 이로움을 위한 최우선 행위라고 강조하고 있습니다.[7] 가족에게 죄책감을 들게 하는 게 아니라 정보를 알려주는 것임을 명심하세요.

유아기에 영향을 미치는 요소에는 여러 가지가 있습니다. 특히 유아기에 나타나는 문제들은 향후 아이의 삶에 수많은 문제를 일으키는 원인이 됩니다. 아이가 어릴 때부터 육아에 도움을 줌으로써 교사는 학업 실패, 청소년 범죄, 부모의 학대, 위험한 행동, 특정 정신 질환, 범죄, 신경계통 약물 남용 등의 위험을 줄여줄 수 있습니다. 또한 유아기에 육아를 지원함으로써 신생아의 돌연사, 흔들린 아기 증후군, 식이 문제, 과체중, 디지털 기기에 대한 과도한 노출, ADHD, 행동 장애, 학습 문제를 겪을 위험도 줄여줄 수 있습니다.

공중보건학적으로도 중요합니다. 프랑스 인구 및 가족정책 고등위원회, 국립 고등보건청HAS, 가족담당부, 세계보건기구WHO를 비롯한 수많은 기구들이 이러한 이유를 들어 가정을 지원하는 것이 중요하다고 주장합니다. 일찍 개입하면 할수록 더 나은 결과를 얻을 수 있습니다. 연구진들 역시 육아에 대한 지원은 공중 보건에 있어 필수적이라고 주장합니다.

교육에 대한 선택은 그것이 아이에게 해가 되지 않을 때만 오롯이 부모에게 권한이 있습니다. 이를테면 아이를 안아서 재울 것인지, 침대에 홀로 재울 것인지를 결정하거나 영어를 배우게 할 것인지 스페인어를 배우게 할 것인지, 이유식을 5개월 차에 시작할 것인지 6개월 차에 시작할 것인지 등에 관한 문제입니다. 이런 문제는 부모가 선택하면 됩니다. 아이에게 이로운 선택이라면 보육 교사는 중립적인 태도로 부모의 길에 동행하기만 하면 됩니다.

하지만 부모의 선택이 아이에게 이롭지 않다면 그때는 교사의 목소리를 내야 합니다. 육아에 관한 부모의 선택은 가정에만 한정되어서는 안 됩니다. 돌봄 전문가의 범위 내로 들어와야 합니다. 전문가들에게는 행동해야 할 의무가 있습니다. 부모를 비난하거나 잘못을 지적하기 위함이 아니라 정확한 정보를 알려주고 올바른 방향으로 인도하기 위함입니다. 이와 같은 중요한 메시지를 전달하기 위해서는 친절하고, 공감과 존중이 담긴 소통이 가장 중요합니다.

육아를 지원한다는 건 부모의 비위를 맞춘다는 뜻이 아닙니다. 육아에 대한 지원이란 말이 부모를 안심시키고, 부모를 높이 평가하고, 좋은 부모라고 말해주는 것이라고 생각한다면 착각입니다. 부모를 지원한다는 것의 진정한 의미는 부모의 행동이 아이의 행복과 발달에 위협이 될 때 조언을 아끼지 않고, 때로는 손을 잡아 좋은 방향으로 이끄는 것을 말합니다.

⚗ ⚗ ⚗ 교육이라는 이름으로 행해지는 폭력은 더 이상 없어야 합니다

폭력은 교육이 될 수 없습니다. 2006년, 프랑스 가족연합회가 실시한 설문조사에 따르면 85%에 달하는 아이들이 매일 일상적 교육 폭력에 노출된다고 합니다. 일상적 교육 폭력은 체벌(뺨 때리기, 볼기짝 때리기, 발길질, 머리카락 잡아당기기, 찬물 샤워)과 정신적 폭력(조롱, 비방, 협박, 징계, 고함, 무관심)을 포함합니다. 아이들 중 절반이 만 2세 이전에 체벌을 당한 적이 있고, 세 명 가운데 한 명이 만 5세 이전에 체벌을 당한다고 합니다. 정말이지 끔찍한 통계입니다. 이 사실을 강조하는 이유는 이러한 폭력이 향후 아이의 삶에 좋지 않은 영향을 미친다는 사실이 밝혀졌기 때문입니다.

아이가 성장하여 사회적 규범에서 벗어난 행동 또는 폭력을 저지를 수 있습니다. 사회심리학자들의 연구에 따르면 주변인에 의해 폭력을 겪은 아이들은 폭력의 사용을 내재화하고 보편화하는 경향이 있다고 합니다. 성인이 되었을 때 가정 폭력의 가해자가 되거나 일상에서 갈등을 조정하기 위해 폭력을 사용할 위험도 더 크다고 말합니다. 레베카 월러가 30여 건의 과학적 연구를 토대로 실시한 분석에 의하면[78] 폭력의 피해자였던 아이들은 "공격성, 절도, 위험한 소비 같이 사회적 규범에서 벗어난 행동을 취할 위험이 더욱 큽니다."

정신과 전문의 뮈리엘 살모나가 진행한 연구도 아이들이 겪는 폭력이 '정신적 트라우마'를 유발할 수 있으며, 향후 '스스로에 대한 공격적 행동, 위험한 행동, 비행 및 중독적 행동'으로 나타날 수 있다고 말합니다.

뇌가 손상되고 인지 능력이 감소합니다. 최근에 발표된 신경생물학 연구들에 의하면 반복된 스트레스는 아이의 뇌에 나쁜 영향을 미칩니다. 연구진들은 스트레스 호르몬인 코르티솔이 과도하게 생성되면 "전두엽과 해마 같은 특정 뇌 부위가 제대로 발달하지 못할" 위험이 있다고 말합니다.[79] 해마가 약화되면 학습 장애, 기억력 문제, 학업 실패의 가능성이 높아집니다.[80]

매년 평균 72명의 아이들이 부모의 매질에 목숨을 잃습니다

프랑스 사회정책감사원의 2019년 보고서에 따르면, 2012년과 2016년 사이 부모의 매질로 인해 목숨을 잃은 아이의 수는 363명에 달합니다. 이 중 절반은 만 1세 미만의 어린아이였습니다. 저자들에 따르면 일부 돌봄 교사들이 신고 사실이 드러날까 봐, 부모와의 관계가 잘못될까 봐 신고하는 것을 주저했다고 합니다. 하지만 교사는 법에 따라 학대를 고발할 의무가 있습니다. 이건 고민의 문제가 아닙니다.

2019년 7월 2일, 프랑스 상원 의원들은 만장일치로 '일상적 교육 폭력에 대한 금지' 법안을 채택했습니다. 이 법안의 내용은 "부모의 권위는 신체적 혹은 정신적 폭력 없이 이루어져야 한다"입니다. 이 문장은 민법 제371-1조에 삽입되었고, 프랑스는 세계에서 이러한 종류의 폭력을 금지하는 법을 만든 56번째 국가가 되었습니다.

교사와 학부모가 상의할 만한 문제들

- 부모가 집에서 텔레비전을 배경음악처럼 켜둘 때(많은 연구 결과가 이러한 습관이 아이의 언어 발달에 나쁜 영향을 끼친다는 사실을 밝혀냈습니다.)
- 아이는 아직 준비되지 않았는데 부모가 무리해서 기저귀를 떼려고 할 때
- 식사 때마다 부모가 아이에게 음식을 억지로 먹이거나 접시를 깨끗이 비우라고 강요할 때(푸드 네오포비아를 비롯하여 식이 행동 장애를 유발할 수 있습니다.)
- 디지털 기기에 과도하게 혹은 빨리 노출시킬 때(많은 가정에서 밥을 먹게 하기 위해 식사 시간에 아이에게 영상을 보여주지요.)
- 부모가 아이에게 신체적·정신적 폭력을 행사할 때(볼기짝 때리기, 뺨 때리기, 모욕, 협박 등)

결론

그림을 완성할 색연필 색깔을 고르거나 집에서 아이를 맨발로 둘지 양말을 신길지의 선택은 전적으로 부모에게 달려 있습니다. 하지만 부모의 선택이 아이에게 해가 된다면 얘기가 달라집니다. 부모의 선택이 아이에게 해가 되는 순간, 돌봄 전문가의 영향과 책임이 미치는 영역이 되기 때문입니다. 향후 아이의 삶에 실질적인 영향을 미칠 수 있으니까요. 그리고 그것을 증명하는 자료는 이미 충분히 나와 있습니다.

교사는 아이의 목소리를 대변해야 합니다. 아이 혼자서는 자신을 보호할 수 없습니다. 교사가 알고 있는 지식을 모든 부모들이 다 알고 있을 거란 보장도 없습니다. 잘못된 부분에 대해 적극적으로 말해주는 것이 교사의 역할입니다.

미주

·

참고 문헌

1) A. 드레브노브스키, 《쓴맛의 과학과 복잡성》, Nutrition Reviews, 2001, vol.59, n°6, p.163-169.

2) C. 페르난데스, H. 맥카퍼리, A.L. 밀러, 《미국 저소득 가정 내 어린이의 편식 추이》, Pediatrics, 2020, 145(6).

3) T.R. 린쉴드, K.S. 버드, L.K. 래스네이크, '소아 식이 문제' in M.C. 로버츠(dir.) 《소아 심리학 핸드북》, The Guilford Press, 2003, p.481-498.

4) 기사 중 발췌, M.M. 블랙, K.M. 헐리, 《아이들이 건강한 식이습관을 갖도록 돕는 방법》, 유아발달백과사전(Encyclopédie sur le développement du jeune enfant), 2013.

5) S. 후세인 외, 《포도당 섭취를 조절하는 궁상핵 글루코키나아제의 작용》, The journal of Clinical Investigation, 2014, 125(1), p.337-349.

6) A.V. 마자로프, 《자기 통제와 촉각: 간접적 촉각에 비해 직접적 촉각이 쾌락 평가와 음식 소비를 증가시킬 때》, Journal of Retailing, 2019, 95(4), p.170

7) K.I. 디산티스, E.A. 호지, S.L. 존슨 외, 《대응적 영양공급이 유아기 과체중에 미치는 역할: 체계적 고찰》, International Journal of Obesity, 2011, n°35, p.480-492

8) S. 벨브뤼허, E. 쿨롱-비데, J. 디메, 「'손으로 먹기'가 갖는 지위, 요양 시설 입소자의 영양 섭취는 저절로 이루어지지 않는다」, 식이요법 정보(Information Diététique), 2018, n°3, p.36-43.

9) L. 페리, 《유아용 식탁에 앉은 철학자들: 앉은 자세의 문맥 의존성 탐험이 아이의 이름 붙이기 성향에 미치는 영향》, Developmental Science, 2013, vol.17, n°5.

10) 2013년 12월 23일 뉴욕타임스 블로그에 개제된 페리 클라스의 기사 《완두콩을 으깨는 것은 배우기 위한 것이다》 중 발췌.

11) H. 쿨타드, 《푸드 네오포비아가 더 적게 나타나는 미취학 아동과 촉각 놀이의 즐거움의 관련성》, Journal of the Academy of Nutrition and Dietetics, 2015, vol. 115, n˚7, p.1134-1140.

12) 크리스틴 슐과 공동으로 쓴 《아이들을 경험하게 내버려 두세요! 유아가 지식을 구성하는 데 동행하기》, 크로니크 소시알 출판사 2020년 편집본.

13) S. 시하겐, C. 콘래드, J.S. 허버트 외, 《시기적절한 잠이 서술 기억 강화를 촉진한다》, Proceedings of the National Academy of Sciences, 2015, 112(5), p. 1625-1629.

14) L. 쿠르드지엘 외, 《한낮의 수면은 미취학 아동의 학습을 향상시킨다》, Proceedings of the National Academy of Sciences, 2013.

15) H. 몽타네, 《아이의 주요한 리듬》, 사회적 정보(Informations sociales), 2009/3, n˚153, p.14-20.

16) M.M. 버넘, B.L. 구들린-존스, E.E. 게일러 외, 《출생부터 만 1세까지 밤 시간의 수면-기상 패턴과 자기 진정: 종적 개입 연구》, Journal of Child Psychology and Psychiatry, 2002, 43(6), p.713-725.

17) K. 소프 외, 《낮잠자기, 만 0~5세 아동의 발달과 건강: 체계적 고찰》, Archives of Disease in Childhood, 2015, 100, p.615-622.

18) 로사 호베의 훌륭한 저서 중 발췌, 《눈물 없이 잠들기: 만 0~6세 수면의 과학적 발견》, Les Arènes, 2017.

19) A. 페로 외, 《밤 내내 지속적으로 흔들어 재우는 것은 자발적 신경 진동을 유도해 수면과 기억력에 이점을 준다》, Current Biology, 2019, 29, 3, p.402-411.

20) B. 브릴, S. 파랏-다얀, 《모성보호: 첫 울음부터 첫 걸음까지》, Odile Jacob, 2008.

21) K. 콤포티스 외, 《흔들어 재우는 것은 전정기관을 리드미컬하게 자극함으로써 수면을 촉진한다》, Current Biology, 2019, 29, p.392-401.

22) T. 필드, 《유아 및 아동을 위한 마사지 치료법》, Journal of Developmental and Behavioral Pediatrics, 1995, 16/2, p.105-111.

23) H. 스토르크, 《아이의 잠자기 습관. 문화적 차이》, ESF Éditeur, 1993.

24) B. 우드 외, 《자체 발광성 태블릿의 낮은 강도의 짧은 노출 기간이 멜라토닌 억제에 미치는 영향을 결정한다》, Applied Ergonomics, 2013, 44, 2, p.237-240.

25) E. 맥파덴, M.E. 존스, M.J. 슈마허 외, 《비만과 밤 동안의 불빛 노출의 상관관계: 세대를 불문한 10만 명 이상의 여성을 통한 횡단적 분석》, American Journal of Epidemiology, 2014, 180, p.245-250.

26) T. 트라한, S.J. 뒤랑, D.뮐렌시펜 외, 《사람의 수면을 돕는 음악과 그것이 효과가 있다고 믿는 이유들: 온라인 설문조사 분석의 통합연구법 리포트》, PLoS ONE, 2018, 13(11):e0206531.

27) A. 소사, 《놀이 시간 동안 사용된 장난감 종류와 부모-아이 소통의 양과 질의 연관성》, JAMA Pediatrics, 2015, 170(2), p.132-137.

28) M. 돈헤커, J.J. 블레이크, M. 벤든 외, 《수업 참여에 있어 입식 책상의 효과: 탐색적 연구》, International Journal of Health Promotion and Education, 2015, 53:5, p.271-280.

29) R.K. 메타, A.E. 숄츠, M.E. 벤든, 《배움을 위한 선 자세: 학교 입식 책상의 신경 인지적 효과에 대한 선행 연구》, International Journal of Environmental Research and Public Health, 2016, 13, p.59.

30) R. 프레이 외, 《비세균성 N-글리콜뉴라민산 노출이 농부의 아이들을 기도 염증과

238

대장염으로부터 보호한다》, Journal of Allergy and Clinical Immunology, 2017, 141(1).

31) E. 베르그로트 외, 《생후 첫해 동안의 기도 질환: 반려견과 반려묘의 영향》, Pediatrics, 2012, 130(2), p.211-220.

32) T.A. 하르탄토, C.E. 크라프트, A.M. 이오시프 외, 《더욱 강도 높은 신체 활동이 주의력결핍/과잉행동 장애에 있어 더 높은 인지적 통제 효과를 보인다는 사실을 밝힌 시행당 분석》, Child Neuropsychology, 2015.

33) J. 불러드, 《학습을 위한 환경 만들기: 출생부터 만 8세까지》, 뉴저지 어퍼 새들 리버, Prentice Hall, 2010.

34) P. 타르, 《장벽 고려하기》, Young Children, 2004, 59(3), p.1-5.

35) V. 피셔 외, 《시각적 환경, 주의 할당, 그리고 유아의 학습: 좋은 것이 너무 많아서 나쁠 경우》, Psychological Science, 2014.

36) R. 여키스, J. 도슨, 《자극의 강도와 습관 형성 속도의 관계》, Journal of comparative neurology and psychology, 1908.

37) R. 힐, R. 바튼, 《심리학: 빨간색은 경기에서 인간의 성과를 증진시킨다》, Nature, 2005년 5월, vol.435.

38) M. 마이어 외, 《암시된 선호도의 상황적 특수성: 빨간색에 대한 인간의 선호에 대하여》, Emotion, 2009, vol.9, p.734-738.

39) J.G. 아담 외, 《옥시토신은 인간의 긍정적인 사회적 기억력을 강화시킨다》, Biol Psychiatry, 2008, 64, p.256-258.

40) E.E. 넬슨, A.E. 가이어, 《복내측 전전두엽피질의 발달과 사회적 유연성》, Developmental Cognitive Neuroscience, 2011, 1(3), p.233-245. Q. 샤오정 외,

《아이의 감정 연계 뇌 네트워크의 미성숙》, Proceeding of the National Academy of Sciences, 2012, 109(20), p.7941-7946.

41) B.S. 맥윈, 《생의 초기 스트레스 경험이 뇌와 몸의 기능에 미치는 잠정적 영향에 대한 이해》, Metabolism, 2008, 57(Suppl 2), p.11-15.

42) C. 바르보자 솔리스 외, 《부정적인 아동기 경험과 중년의 생리적 소모: 1958년 영국 출생 코호트 조사 결과》, PNAS, 2014, 112(7), p.738-746.

43) S. 코헨 외, 《스트레스, 글루코코르티코이드 수용체 저항성(GCR), 염증, 질병 위험》, Proceedings of the National Academy of Sciences, 2012, 109(16), p.5995-5999. E. 비에두빌드 외, 《베타2-아드레날린 신호가 선천적 면역계를 하향조절하고 바이러스 감염에 있어서 숙주 저항성을 감소시킨다》, J Exp Med, 2020, 217(4).

44) R. 월러, F. 가드너, L.W. 하이드, 《육아, 정서 결여 특징, 유아의 반사회적 행동 사이의 연관성은 무엇인가? 증거를 통한 체계적 고찰》, Clin Psychol Rev., 2013, 33(4), p.593-608.

45) J. 메이어, 《일상생활에서의 정서 지능: 과학적 탐구》, Psychology Press, p.133-149.

46) D. 골먼, 《정서 지능. 감정을 지능으로 바꾸는 방법》, T. 피엘라 옮김, Robert Laffont, 1997.

47) J.D. 파커, R.E. 크레크 Sr, D.L. 반하트 외, 《고등학교에서의 학업 성취: 정서 지능이 중요한가?》, Personality and Individual Differences, 2004, 37(7), p.1321-1330. S. 기예, 《감정적 능력과 사회적 환경에서의 행복》, 교육(Éducation), 2018, dumas0187923.

48) L. 드비에 외, 《일상생활에서의 감정 주석에 있어서의 도전과 머신러닝을 기반으로 한 탐지》, Neural Netw, 2005, 18(4), p.407-422.

49) W. 칼, R. 코리에르, J. 하트, 《정신정화요법에서의 정신생리학적 변화: 1.원초요법》, '정신요법: 이론', Research & Practice, 1973, 10(2), p.117.

50) 결론은 이렇습니다. 지방을 연소하려면 운동을 하고, 긴장 완화를 위해서는 울거나 소리를 지르세요. 그러고 보니 뛰면서 동시에 운다면 일석이조네요.

51) W.H. 프레이 2세, M. 랑세트, 《울기: 눈물의 수수께끼》, Winston Press, 1985.

52) B.A. 판 데르 콜크, 《정신적 트라우마》, American Psychiatric Press, 1987.

53) J. 현 외, 《그날의 기분이 나쁠 때: 스트레스 예측이 일상의 작업 기억에 미치는 영향》, J Gerontol B Psychol Sci Soc Sci, 2018.

54) B. 브라운, L. 로젠바움, 《스트레스가 IQ에 미치는 영향》, '과학의 진보를 위한 미국 협회'의 학회 중 발언, 1983, 디트로이트.

55) T. 갈루아, J. 웬들랜드, 《출생 전 스트레스가 아이의 인지 발달과 정서심리에 미치는 영향: 학술적 검토》, 드브니르(Devenir), 2012/3, vol.24, p.245-262.

56) T. 버그만, 《병원에서의 아이들》, International University Press, 1965.

57) U.A. 헌지커, R.G. 바르, 《아기를 안고 다니는 시간의 증가가 울음을 감소시킨다: 무작위 비교 연구》, Pediatrics, 1986, 77, p.641-648.

58) R.G. 바르, M. 코너, R. 베이크먼 외, 《쿵족 아이의 울음: 문화적 특수성 가설 실험》, Dev Med Child Neurol., 1991, 33, p.601-610.

59) S.R. 무어, L.M. 맥윈, J. 쿼트 외, 《인간에게 있어 신생아 접촉의 후생적 연관성》, Dev Psychopathol., 2017년 12월, 29(5), 1517-1538.

60) T. 리, P. 왕, S.C. 왕 외, 《면역 체계 조절에 영향을 미치는 접근법》, Front Immunol [온라인], 2017년 1월.

61) M. 피터슨, P. 알스터, T. 룬데베르크 외, 《옥시토신이 장기적으로 암컷 및 수컷 쥐의 혈압을 낮추다》, Physiol Behav., 1996년 11월, 60(5).

62) P. 푸아보, V. 그리네비치, A. 샤를레, 《고통에 있어서 옥시토신 신호: 세포, 회로, 체계, 그리고 행동 수준》, Curr Top Behav Neurosci., 2018, 35, 193211.

63) P. 시오드라, J.J. 르그로, 《합성 옥시토신 정맥 주사가 보통 남성의 혈장 내 코르티솔 농도를 감소시킨다》, C R Seances Soc Biol Fil., 1981, 175(4).

64) 코르티… 뭐라고요? 코르티코트로핀 계입니다. 코르티솔의 활동에 기초해서, 우리의 뇌가 위험이나 스트레스에 직면할 때 발동되는 곳입니다. 대충 말하자면, 분노에 찬 부모님을 마주했을 때, 당신의 심장 박동이 빨라지고 호흡이 가빠지게 만드는 게 바로 이곳의 역할이죠.

65) B.L. 마, 《옥시토신, 산후우울증, 육아: 체계적 고찰》, Harv Rev Psychiatry, 2016년 2월, 24(1), p.113.

66) M.M.E. 리엠, M.J. 베이커만스-크라넨부르흐, S. 피퍼 외, 《옥시토신이 편도체와 뇌섬엽을 조절하고, 하전두회는 아이의 울음에 반응한다: 무작위 비교 연구》, Biol Psychiatry, 2011년 8월, 70(3), 2917.

67) R.R. 로미오, J.A. 레오나르드, S.T. 로빈슨 외, 《3000만 단어 격차를 넘어: 언어 연관 뇌 기능과 관련된 아이들의 소통 노출》, Psychol Sci., 2018년 5월, 29(5), p.700-710.

68) L.L. 맥인티르, W.E. 펠험, M.H. 킴 외, 《만 3세 언어 능력에 대한 간략한 측정 및 중기 아동기에서의 특수 교육으로의 쓰임》, The Journal of pediatrics, 2017, 181, p.189-194.

69) W. 존스, A. 클린, 《향후 자폐 진단을 받은 생후 2~6개월 유아에서 시선에 대한 주의가 존재하였다가 감소함》, Nature, 2013, 504, p.427-431.

70) T. 가브리엘슨 외,《짧은 관찰로 자폐 식별하기》, Pediatrics, 2015.

71) 젊은 부모와 예비 부모를 위한 정보 사이트 Parents.fr에 게재된, 자폐를 앓고 있는 만 5세 아들을 둔 엄마 안나의 글.

72) H. 블룸,《신경 다양성: 괴짜들의 세계를 구성하는 신경학적 토대》, The Atlantic, 1998.

73) http://distinctions.umontreal.ca.

74) R. 드와이어 외,《스마트폰 사용은 사회 및 대면적 상호작용의 즐거움을 약화시킨 다》, Journal of Experimental Social Psychology, 2018.

75) E. 트로닉, H. 알스, L. 애덤슨 외,《대면 상호작용에 있어서 서로 모순되는 메시 지의 함정에 대한 유아의 반응》, Journal of the American Academy of Child Psychiatry, 1978년 1월 1일, vol.17, n°1.

76) 프랑스 소아응급의학회가 편집한 다음의 글에서 발췌,《우리 부모는 디지털 기기를 어떻게 사용해야 하는가?》, https://afpa.org.

77) M. 부아송,《아이의 이로움을 위한 부모 직무 지원하기: 이론에서 수단까지》, 사회 적 정보(Informations sociales), 2010, 160(4), p.34-40.

78) R. 윌러, F. 가드너, L.W. 하이드,《부모의 육아와 유아의 정서 결여적 특징과 반사회 적 행동 사이의 연관성은 무엇인가? 증거를 통한 체계적 고찰》, Clinical Psychology Review, 2013, 33, p.593-608.

79) B. 맥웬,《대뇌피질의 발달: XIII. 스트레스와 뇌의 발달: II》, J. Am. Acad. Child Adolesc. Psychiatry, 1999, 38, p.101-103.

80) M.H. 타이허, C.M. 안데르센, A. 폴카리,《아동기 학대는 해마 세부 영역 CA3, 치아 이랑, 구상회의 용량 감소와 관련이 있다》, Proc Natl Acad Sci, 2012년 2월 28일.

저서 ~~~~~~~~~~~~~~~~~~~~~~~~~~~~~~

• 알바레즈 C., 《아동의 자연법칙》, Les Arènes, 2016.

• 시코티 S., 《마르세유 지방의 아기들은 특유의 억양을 가질까?》, Dunod, 2010.

• 데뮈르게 M., 아를레 B., 《아동의 인지발달에 만성적인 디지털 기기 노출이 미치는
영향》, Archives de Pédiatrie, 19(7), 2012.

• 데뮈르게 M., 《백질 절제 수술: 텔레비전의 영향에 관한 과학적 진실》, Max Milo,
2011.

• 필리오자 I., 《모든 걸 다 해봤어요. 반대, 울음, 고함: 만 1~5세 시기를 아무 피해 없
이 지나가는 법》, JC Lattès, 2011.

• 퐁텐 A.-M., 《유아들에 대한 전문적 관찰. 팀 작업》, Philippe Duval, 2016.

• 게드니 N., 《애착. 목숨이 달린 관계》, Fabert, 2011.

• 게겡 C., 《행복한 유년기를 위하여. 뇌에 관한 발견에 비추어 교육을 다시 생각하다》,
Robert Laffont, 2017.

• 게겡 C., 《아이와 행복하게 살기. 정서 신경과학을 통해 일상 교육을 새롭게 바라보
기》, Robert Laffont, 2015.

• 조베 R., 《눈물 없이 잠들기. 만 0~6세 수면의 과학에 대한 발견들》, Les Arènes,
2017.

• 쥐니에 H., 《부모 생존 매뉴얼. 만 0~6세 아동의 모든 상황에 대한 열쇠》,
InterÉditions, 2019.

• 르퀴에 R., 《50가지 질문으로 보는 내 아기의 지능》, Dunod, 2014.

- 모렐 C., 르브룅 P.-B.(dir.),《유아기에 관한 실용 사전》, Dunod, 2018.

- 로젠베르크 M.B.,《말은 창문이다(혹은 벽이다). 비폭력적인 소통을 위한 소개서》, La Découverte, 2005.

- 세르 J., 라모 L.,《연구에 근거한 어린이집 교육 방침》, Philippe Duval, 2016.

- 세르 J., 쉬울 C.,《경험하게 놔두세요. 유아의 지식 형성에 동행하기》, Chronique Sociale, 2020.

- 세르 J., 쉬울 C.,《유아기: 신경과학을 통해 교육 방침 (재)형성하기》, Chronique Sociale, 2015.

- 시겔 D.,《당신 아이의 뇌. 오늘날의 부모를 위한 긍정 교육 매뉴얼》, Les Arènes, 2015.

- 솔테르 A.,《아동과 아기의 울음과 분노. 아이의 감정을 이해하고 대응하기》, Jouvence, 2015.

- 비롤 F.,《뇌, 화학, 그리고 심리학. 뇌의 신경생리학 및 심리학》, Jacques Grancher, 2015.

- Les Pros de la Petite Enfance(유아기 전문가들): 유아기 전문가들을 위한 1등 정보 사이트.

- lesprosdelapetiteenfance.fr
- Encyclopédie sur le développement des jeunes enfants(유아발달백과사전)
- www.enfant-encyclopedie.com
- Gynger. 가정, 유년기, 교육을 위한 또 다른 정보 사이트.
- www.gynger.fr
- Papoto. 모두를 위한 육아.
- www.papoto.fr
- Les lois naturelles de l'enfant(아동의 자연법칙). 인간 기능을 존중하는 교육을 위해.
- www.celinealvarez.org
- Le cerveau à tous les niveaux(모든 수준의 뇌)
- lecerveau.mcgill.ca
- Papa positive(긍정적인 아빠) 낙관주의의 씨앗을 뿌리자.
- https://papapositive.fr
- Apprendre à éduquer(교육하는 법을 배우다)
- https://apprendreaeduquer.fr
- Ensemble pour l'éducation de la petite enfance(유아기를 위한 교육의 총체)
- https://eduensemble.org
- Bougribouillons. 아동을 더욱 존중하기 위한 이미지 자료.
- https://bougribouillons.fr
- 클레망틴 사를라의 사이트 및 팟캐스트
- https://clementinesarlat.com

매일 정량의 옥시토신을 제공해준 나의 가족에게,

한결 같은 마음으로 곁에서 조언을 아끼지 않은 레오노르, J.J., 가엘과 에릭에게,

꼼꼼히 작품을 감수해준 국립과학연구소(CNRS) 연구원 조제트 세르에게,

아동 인권 수호에 지지를 보내고, 커다란 인류애를 보내준 소아과 전문의 카트린 게겐에게,

혁신적인 프로젝트로 나를 감동시킨 유아 전문 사이트 설립자 카트린 르리에브르에게,

내게 창의력과 힘을 준 편집진 기욤 샤롱, 클라라 라르드누아, 가브리엘 라우에게,

유머와 감수성으로 나를 기쁘게 해준 리즈 데포르트에게,

내게 영감을 주고, 지금까지 그래왔듯 앞으로도 나를 열광시킬 유아기 전문가 공동체에게,

그리고, 그 신비를 온전히 다 파악할 수 없을 세상의 모든 어린이들에게.

감사의 마음을 전합니다.

육아에 과학이 필요한
28가지 순간

초판 1쇄 발행일 2024년 2월 8일

지은이 엘로이즈 쥐니에
옮긴이 이수진
펴낸이 유성권

편집장 양선우
책임편집 윤경선   **편집** 김효선 조아윤
해외저작권 정지현   **홍보** 윤소담   **디자인** 박채원
마케팅 김선우 강성 최성환 박혜민 심예찬 김현지
제작 장재균   **물류** 김성훈 강동훈

펴낸곳 ㈜이퍼블릭
출판등록 1970년 7월 28일, 제1-170호
주소 서울시 양천구 목동서로 211 범문빌딩 (07995)
대표전화 02-2653-5131   **팩스** 02-2653-2455
메일 loginbook@epublic.co.kr
포스트 post.naver.com/epubliclogin
홈페이지 www.loginbook.com
인스타그램 @book_login

로그인은 (주)이퍼블릭의 어학·자녀교육·실용 브랜드입니다.